JN033400

動物は「物」ではありません!

杉本彩、動物愛護法〝改正〟にモノ申す

杉本 彩
浅野明子 監修

法律文化社

はじめに

２０１９年6月12日。

動物愛護法（「動物の愛護及び管理に関する法律」）という法律が改正されました（公布は6月19日）。

動物愛護法は、動物ビジネスをする人や一般飼い主の義務・責任などを定める法律で、19年の改正は、１９７３年にこの法律ができてから4度目の改正になります。

改正に向けての話合いが始まってから約4年。数値規制の導入、マイクロチップ装着の義務化、動物殺傷・虐待罪の厳罰化……様々な規制の強化が実現しました。この新しい動物愛護法は、一部を除いて、２０２０年6月1日から施行されています。

ところで、19年の改正に、わたしは公益財団法人動物環境・福祉協会Ｅｖａ[※]の代表として関わりました。

改正の約2年半前に、Ｅｖａは「犬猫の殺処分ゼロをめざす動物愛護議員連盟[※]」から、それまでにも同議連総会に度々出席し提言していた経緯から、アドバイザーになってもらえないかとの依頼をいただきました。そこで、わたしがＥｖａの代表として議員連盟のアドバイザーをつとめたのです。

同議員連盟が、改正課題の洗い出し、条文化などの作業を進めましたが、わたしの役割は、ペットビジネスの裏側や動物虐待の実態、法律の不十分なところ、法律をどう改正してもらいたいのかといった現場の実態や声を総会や会議でしっかりと伝え、意見の調整を図っていただけるようにもっていくことでした。

また、超党派の議員連盟ということで、立場・意見の異なる先生方がおられ、実際、改正ギリギリのところで先生方の意見がぶつかることもありましたが、Ｅｖａが間に入っていたことで状況が好転したこともあり、クッションのような役割を果たすこともできました。

アドバイザーは初体験でしたが、非常に貴重な体験ができたと思っています。

さて、この本では、今お話ししたわたしの経験をふまえ、いつもとは違った角度から、動物たちの問題をひもといていきたいと思います。

動物と暮らしておられる方もそうでない方も、本書を通して、動物たちにも命・尊厳があること、動物たちがおかれている現状とそれを変えるには何が必要なのかを、今一度、感じ、考えていただければ幸いです。

杉本　彩

※Ｅｖａについて　公益財団法人動物環境・福祉協会Ｅｖａは、２０１４（平成26）年に設立された、女優杉本彩を代表理事とする動物愛護の啓発団体。２０１５年に団体の「公益性」が認められ、一般財団法人から公益財団法人になった。Ｅｖａは、**Every animal** on Earth has a right to live からきており、ラテン語で、「命、命あるもの」を意味する。

設立以来、全国各地での講演会、院内集会やシンポジウム、こどもたちに向けた命の授業「いのち輝くこどもＭＩＲＡＩプロジェクト」を実施、出版やチラシの配布、動画配信による啓発活動、法改正や法整備を求める組織的活動を展開している。

※犬猫の殺処分ゼロをめざす動物愛護議員連盟　犬猫の殺処分ゼロを目指して２０１５年に設立された、総勢53名（設立当初）の議員からなる超党派の議員連盟（略称「はっぴぃ０（ゼロ）議連」）。尾辻秀久氏（参議院議員）が会長をつとめる。

本議連が、法改正を実現するための課題の洗い出しや、環境省や法制局とともに改正案を作成するなど、19年動物愛護法改正において主導的役割を果たした。なお、19年改正後も活動を継続している。

目次

はじめに

I　ペットビジネス：「物」扱いされる命……1

1　悪質業者と不適正飼養……1
2　まやかしの週齢規制……14
3　不適切な販売方法……19
4　いま、なぜマイクロチップの装着か……24
5　忘れてはならない消費者の責任……29

II　動物保護団体：道具にされる命……30

III　殺処分：翻弄される命……33

1　殺処分ゼロの弊害……33

2　安易すぎる殺処分……40
3　殺処分の方法……41
4　動物愛護センターの役割……45

IV　動物虐待：切り刻まれる命……48

1　エスカレートする虐待とみあわぬ刑罰……48
2　動物虐待の厳罰化……49
3　動物虐待のもう1つの形：ネグレクト……55
4　アニマルポリス……56
5　アニマルレスキュー110（ひゃくとうばん）：虐待を発見したら……57
6　動物たちの地位向上のために何ができるのか……58

V　畜産動物・実験動物……62

1　アニマル・ウェルフェア……62
2　産業動物のウェルフェア……64
3　実験動物とアニマル・ウェルフェア……72
4　アニマル・ウェルフェアと環境問題……74

Ⅵ　野生動物・環境問題……78

1　ＳＤＧｓと環境問題……78
2　深刻な環境破壊・環境汚染……78
3　野生動物・地球環境を守るためにできること：エシカル消費……82
4　感染症パンデミックと環境破壊：人間中心主義の功罪……84

あとがき

▼コラム

❶届出制・登録制・許可制　5
❷マイクロチップの装着　27
❸ドイツのティアハイム　31
❹動物を殺しても実刑判決はありえない?：執行猶予と量刑　51
❺法律上、動物は「物」!?　53
❻動物愛護法は動物保護法なのか?　60
❼フォアグラ規制はまだ甘い?　69
❽種差別　75
❾プラスチックごみの惑星になりつつある地球　83

本書の見取図

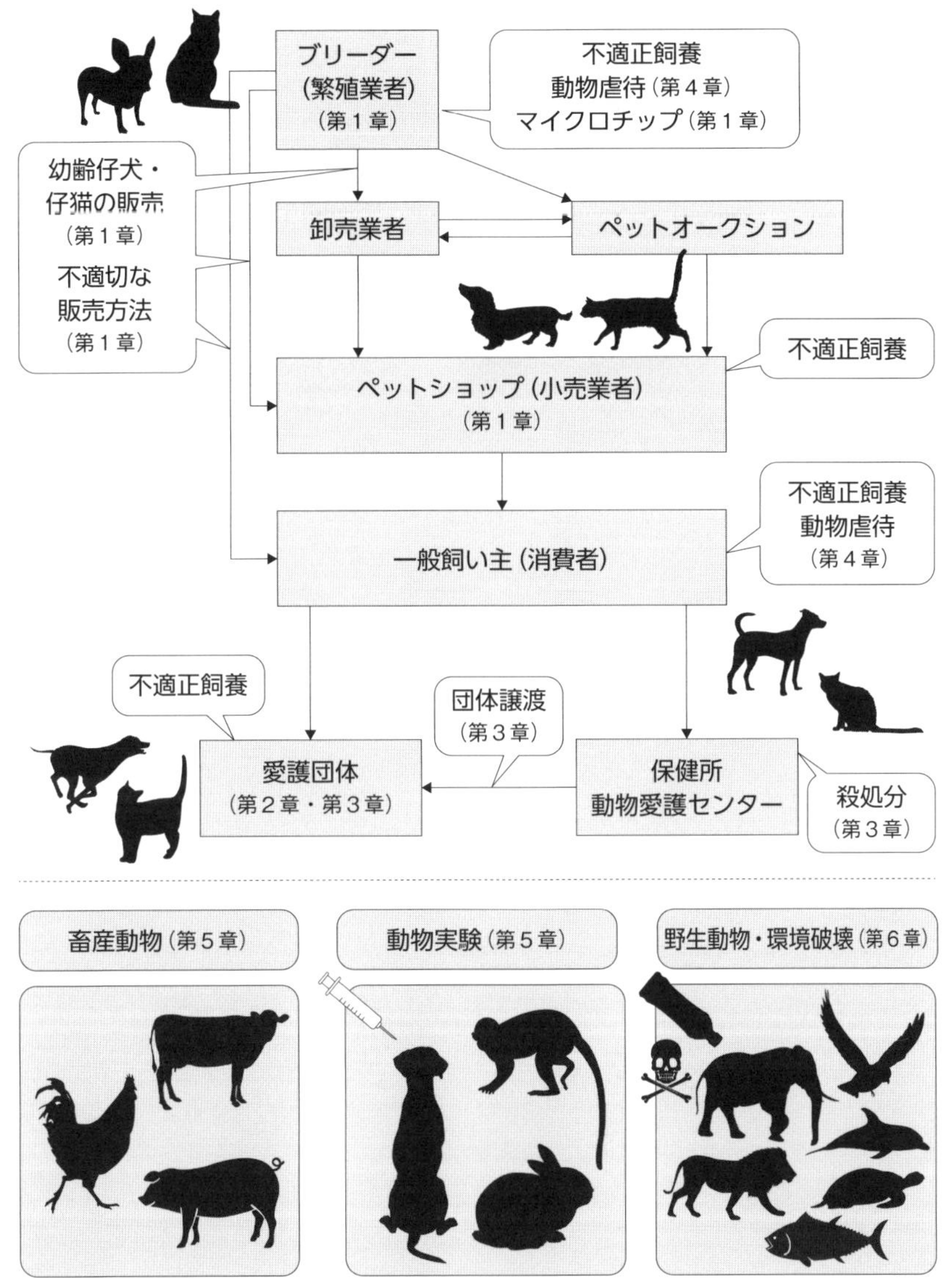

ブリーダー
(繁殖業者)
(第１章)
不適正飼養
動物虐待（第４章）
マイクロチップ（第１章）
幼齢仔犬・
仔猫の販売
（第１章）
不適切な
販売方法
（第１章）
卸売業者
ペットオークション
ペットショップ（小売業者）
（第１章）
不適正飼養
一般飼い主（消費者）
不適正飼養
動物虐待
（第４章）
不適正飼養
団体譲渡
（第３章）
愛護団体
（第２章・第３章）
保健所
動物愛護センター
殺処分
（第３章）
畜産動物（第５章）
動物実験（第５章）
野生動物・環境破壊（第６章）

I　ペットビジネス：「物」扱いされる命

1　悪質業者と不適正飼養

命の大量生産、大量販売の闇

本来、命ある犬や猫が、「物」と同じように大量に生産され販売されることは異常なことです。けれども、劣悪業者の価値観では、命ある犬や猫も「物」、儲(もう)けるための商品にすぎません。動物たちの福祉はいっさい無視し、とにかくたくさん繁殖をさせ、小さくてかわいい商品価値の一番高い時期にできるだけたくさん売る、売れなければディスカウントをし、それでも売れなければ、食品や洋服と同じように廃棄する――ペットビジネスでは、そういった非人道的なことがまかりとおっています。

▼パピーミル　パピーミル（Puppy mill）と呼ばれる販売用の仔犬・仔猫を乱繁殖させる施設では、犬や猫がとてもひどい生活を強いられています。

２０１８年、福井県でパピーミルを運営する業者が刑事告発されました。その業者は、犬や猫をケージに閉じ込める、複数匹を狭いスペースにすし詰めにするといった方法で飼育していました。県内の動物愛護グループが、地元の県健康福祉センター職員とともに踏み込んだとき、約４００匹の犬や猫に対して世話をする人員はたったの2人で、トイレや給餌給水の世話が行き届かず、施設内には強烈な悪臭が漂っていました。なかには、白内障に罹(かか)っている犬、妊娠している前足のないチワワもおり、パピーミルの職員が首根っこをつかんで犬をケージから乱暴に引っ張り出す光景も見られました。

こういったパピーミルの実態は明らかになっていないだけで、全国に多数あると思われます。

▼引取り屋　犬も猫も人間以上に速いスピードで成長していきますから、彼らが小さくてぬいぐるみのようにかわいい時期、売れる時期はほんのわずかです。けれども、その時期にすべての仔犬や仔猫が売れるはずはなく、競り市やペットショップでは必ず売れ残りが生じます。そして、売れ残った犬や猫は業者にとっては、経費ばかりがかさみ、利益を薄くする不良在庫、一刻も早く処分したいものになります。利益を優先すると、普通にそうなります。

そういった犬や猫を、繁殖業者や小売業者からお金をもらって引き取るのが引取り屋と呼ばれる人たちです。引取り屋は、２０１２年改正動物愛護法の施行以降、自治体が動物取扱業者からの犬や猫の引き取りを拒否できるようになったことでうまれたビジネスです。その存在は、各地で引取り屋による小型犬などの大量遺棄が発覚したことで明らかになりました。引取り屋に引き取られた犬や猫は転売されたり、繁殖犬にされることもありますが、大半は狭いケージに閉じ込められたまま、ろくにご飯も与えられず、病気に罹(かか)っても治療もされず放っておかれます。

動物ビジネスをする人が守らなくてはならないこと：動物愛護法とペットビジネス

▼第一種動物取扱業者

動物愛護法は、動物ビジネスをする人たちが守らなくてはいけないこと（義務）を定めています。「動物ビジネスをする人たち」とは、ブリーダーや卸売業者、ペットショップなどの小売業者（繁殖業もあわせてしている小売業者も含む）、ペットホテル、猫カフェなど、動物の販売・保管・貸出し・展示・競りあっせんなどを、営利目的で反復継続して繰り返し

写真㊤　引取り屋の所にいる犬
写真㊦　愛護団体によって引取り屋から保護された犬

（写真提供：Eva）

行う人たちのことで、動物愛護法では「第一種動物取扱業者」といわれます（法10条、施行令1条‥以下、「法」は動物愛護法のことをさす）。冒頭のパピーミルを運営する業者もたいてい、第一種登録をしています。

▼登録制　「第一種動物取扱業」を始めたい人は、動物愛護センターまたは保健所に申請書と必要書類を出して行政の審査を受け行政の登録簿に登録してもらわなくてはなりません（法10条）。

行政は、申請書や必要書類で以下のことを確認します。

① 登録拒否事由がないか

② 業務内容及び実施方法、飼養施設の構造・規模、施設の管理方法が取り扱う動物の種類及び数に照らして必要な条件を満たしているか（動物取扱責任者を選任することも条件）

③ 重要な事項について、虚偽の記載をしたり、記載が欠けていないか

①の登録拒否事由とは、登録を拒否しなくてはならない場合として法律で定められている事由のことです。たとえば、申請者が過去に登録を取り消された者で、その取消しから一定期間（改正前は2年。19年改正で5年に。）が経過していなければ、行政は登録を認めることはできません。

この審査をクリアしてはじめて、第一種動物取扱業者として登録してもらえます。

▼基準遵守義務　「第一種動物取扱業者」は、動物たちの取扱いについて、法律で決められた基準を守らなくてはなりません。

動物愛護法21条には次のように書かれています。

（基準遵守義務）

第21条　第一種動物取扱業者は、動物の健康及び安全を保持するとともに、生活環境の保全上

コラム❶

届出制・登録制・許可制

届出制とは、たとえば、自分がいつ・どこで・何をするのか、何を始めるのかを行政に知らせることで手続きが完了する制度です。形式上の要件があっていればよく、行政が「だめ」とか「よい」という応答をすることは予定されていません。

一方、許可制とは、あらかじめ特定の行為を禁止しておき、審査基準を満たしている場合にだけ、その行為をしたい者に禁止を解除する制度です（飲食店の営業許可など）。形式審査にとどまらず、申請の記載と実体があっているかも審査される点、行政に裁量が認められる点が届出制とは異なります。裁量が認められるとは、簡単にいえば、行政の担当職員がケースごとに独自の判断をすることがある程度は許される、ということです。

ちなみに登録制は、届出制と許可制の中間にある制度だといえます。行政に知らせるだけでは手続きは完了せず、行政の公簿に登録をしてもらうことが必要です。

なお、動物愛護法の登録制は、法律や規則に登録基準が細かく定められていることから、許可制に近いと言われています（登録制が〝ザル〟といわれることがあるのは、各自治体の運用の仕方によるのです）。

（文責　法律文化社編集部）

の支障が生ずることを防止するため、その取り扱う動物の管理の方法等に関し環境省令で定める基準を遵守しなければならない。

「環境省令で定める基準」とは「動物の愛護及び管理に関する法律施行規則」などのことです。もし動物取扱業者が基準を守らずに動物たちを飼養していれば、法律では、行政が改善勧告・改善命令、場合によって業務停止命令や登録の取消しができることになっています。

悪質業者、不適正飼養が野放しになっていたワケ：動物愛護法のジレンマ

法律ではいろいろと決められているにもかかわらず、今まで、悪質業者でものうのうと動物福祉を無視したビジネスを続けることができていました。なぜなら、動物ビジネスを始めるときの規制が甘かったからです。

先ほどお話したように、第一種は登録制ですが、登録のとき行政はそこまで厳しい確認はしません。実際は、動物取扱責任者が選任されていて申請書類の体裁さえ整っていれば、ほぼ登録してもらえます。ですから、したい人はほぼ誰でも動物ビジネスを始められました。

また、第一種の守るべき基準が曖昧で非常にわかりにくく、そのため不適正な飼養がされていても行政が十分に取り締まることができなかった、ということもあります。たとえば、基準の1つ「第一種動物取扱業者が遵守すべき動物の管理の方法等の細目」（2021年6月1日からの新基準施行に伴い廃止）の3条には次のように書いてありました。

（設備の構造及び規模）

第3条　飼養施設に備える設備の構造、規模等は、次に掲げるとおりとする。

一　ケージ等は、個々の動物が自然な姿勢で立ち上がる、横たわる、羽ばたく等の日常的な動作を容易に行うための十分な広さ及び空間を有するものとすること。（以下、略）

※本3条は、新基準2条1号ロ(3)(一)として残っている

けれども、この規定だけでは、動物の種類によっては専門的な知識がないと「自然な姿勢」「日常的な動作」がよくわかりません。

また、この規定には具体的なことが書いてありませんので、たとえば、行政が市民から通報を受けて現場に駆けつけ、「こんな狭いところに犬を閉じ込めていてはダメですよ」と指導をしても、業者から「狭いといえる根拠は何だ」と切り返されると言い返すことができません。

ほかにも、飼養・保管できる動物の種類や数、ケージに入れてもよい動物の種類や数を決める規定など、いろいろな規定に曖昧な表現が用いられていました。

その結果、十分な指導や取り締まりができず、業者への改善勧告・改善命令、業務停止命令・登録取消しがなされるのは、ごく限られた場合だけになっていました。

ほんとうなら、「この飼育環境は基準に反しているから改善したほうがいい」「改善しなさい」と行政が言えなくてはいけませんが、はっきりした基準がないから、「基準に反している」と言い切れず、改善を求めることもできない、そういったことが起きていたわけです。

もちろん、熱意のある職員の方は、何回でも現場に行かれます。けれども結局、基準に反している不適正だとは言えなくて、30回指導に行っても何も改善されないのです。

やっとできた新基準：動物愛護法の前進

19年改正法では、今までとはいろいろな点が変わりました。なかでも大きいのは、法の21条に新たに2項と3項が設けられ、今までの基準にかわる「できる限り具体的な」新基準がつくられることになったことです。

（基準遵守義務）
第21条　略
2　前項の基準は、動物の愛護及び適正な飼養の観点を踏まえつつ、動物の種類、習性、出生後経過した期間等を考慮して、次に掲げる事項について定めるものとする。
一　飼養施設の管理、飼養施設に備える設備の構造及び規模並びに当該設備の管理に関する事項
二　動物の飼養又は保管に従事する従業者の員数に関する事項
三　動物の飼養又は保管をする環境の管理に関する事項
四　動物の疾病等に係る措置に関する事項
五　動物の展示又は輸送の方法に関する事項

六　動物を繁殖の用に供することができる回数、繁殖の用に供することができる動物の選定その他の動物の繁殖の方法に関する事項

七　その他動物の愛護及び適正な飼養に関し必要な事項

3　犬猫等販売業者に係る第1項の基準は、できる限り具体的なものでなければならない。

改正法自体は2020年6月1日から施行されていますが、新基準については、2021年6月1日から施行されることになっており、2021年4月1日、新基準を定める省令（正式名称：第1種動物取扱業者及び第2種動物取扱業者が取り扱う動物の管理の方法等の基準を定める省令）が公布されました。省令は、今までとは異なり、必要な基準を数字で定めています（数値規制）。

たとえば、犬や猫のケージ等については、

(イ)　犬にあっては、一頭当たりのケージ等の規模は、縦の長さが体長（胸骨端から坐骨端までの長さをいう。以下同じ。）の2倍以上、横の長さが体長の1・5倍以上及び高さが体高（地面からキ甲部までの垂直距離をいう。以下同じ。）の2倍以上（複数の犬を同一のケージ等で飼養又は保管する場合にあっては、これらの犬のうち最も体高が高い犬の体高の2倍以上）とすること。

(ロ)　猫にあっては、1頭当たりのケージ等の規模は、縦の長さが体長の2倍以上、横の長さが体長の1・5倍以上及び高さが体高の3倍以上（複数の猫を同一のケージ等で飼養又は保管

する場合にあっては、これらの猫のうち最も体高が高い猫の体高の3倍以上）とするとともに、ケージ等内に1以上の棚を設けることにより、当該ケージ等を2段以上の構造とすること。

※新省令第2条1号ロ(3)(二)より抜粋

従業員数については、

二　動物の飼養又は保管に従事する従業員の員数に関する事項

　飼養又は保管をする動物の種類及び数は、飼養施設の構造及び規模並びに動物の飼養又は保管に当たる職員数に見合ったものとすること。特に、犬又は猫の飼養施設においては、飼養又は保管に従事する職員（……略……）一人当たりの飼養又は保管をする頭数（親と同居する子犬又は子猫の頭数及び繁殖の用に供することをやめた犬又は猫の頭数（その者の飼養施設にいるものに限る。）は除く。）の上限は、犬については20頭、猫については30頭とし、このうち、繁殖の用に供する犬については15頭、繁殖の用に供する猫については25頭とする。

……以下略……

※新省令第2条2号

と定められています。これまでになく具体的で踏み込んだ内容になっていますので正しく機能すれば大きな効力を発揮すると思います。

もっともここにいたるまでＥｖａは、小泉進次郎環境大臣に環境省案に対する「要望書」を提出（２０２０年６月４日、同年８月７日）、議連の動物愛護ＰＴ会議でアドバイザーとして環境省に多くの質問と要望を伝えるなど様々な努力を積み重ねてきましたが、新省令の公布で明らかになった経過措置の規定によれば、２０２１年６月１日時点で登録を受けて犬または猫を飼養・保管している第１種動物取扱業者（既存業者）については、新法は段階的に適用されることになりました。たとえば飼育頭数の制限については、既存業者には２０２１年６月１日からの１年は新法が適用されず、その後は、徐々に上限数を減らしていくことになりました。完全に施行されるのは、２０２４年６月からとなります。２０２０年６月の新法施行から４年も先送りとなったことは非常に残念です。まだこの先長い間、限られた従業員で、とうてい満足には飼養できない数の犬や猫の管理をする状況が続くことになったのです。

法改正の課題

▼事件は現場で起きている！

要望書を渡すため、小泉環境大臣にお会いした際、わたしは大臣に「今後は、是非、動物愛護団体も環境省の検討会のメンバーに入れていただきたい」との要望も伝えました。というのも、Ｅｖａは、新基準の検討会を毎回傍聴していたのですが、検討会メンバーである有識者の先生方は、現場のことはあまりご存知なく、行政が指導に行ったときにどうして壁にぶちあたるのか、なぜ事がうまく進まないのかを肌では感じておられないようで、そのために、焦点のずれた意見が出てきたり、検討会の議論が活発化しないことがあると感じたからです。

たとえば、写真を見せながら劣悪飼育の様子を説明した際、先生方はたいへん驚かれ「このような場所にいる犬猫を、動物愛護団体は救わないのですか」と尋ねられたことがありました。けれども、所有権の問題がありますから、愛護団体による保護には限界があります。だからこそ行政がしっかりと不適正な飼養を取り締まることが必要であって、そのために数値規制について検討しているのです。

また、委員のなかには、「ペットの需要と供給ということを考えると、数値規制を設けると供給が制限され、動物と暮らすことで幸せを感じる人にペットが行き届かなくなるかもしれないと憂慮しています」と言う方もいました。

けれども、そもそも数値規制はペットの需要供給の話と関係があるでしょうか。数値規制は、「動物たちを適正に飼養しましょう、不適正な飼養をやめましょう」というものです。不適正飼養をなくし、その習性を考慮して適正に取り扱うことは動物愛護法の基本原則です。たとえ需要と供給のバランスを考えるとしても、今問題にしている不適正飼養は、大量繁殖・大量販売、つまり過剰供給によって起きているわけですから、数値規制ができることで適正な供給量になることはあるかもしれませんが、憂慮するほどの供給不足が起こりうるでしょうか。

このような思いもありましたので、大臣に要望をお伝えしたのです。

それに加えて、「そもそも動物たちを限られた空間に閉じ込め、少ない人数で面倒をみたりすること自体がよしとは思えないのに、死なない程度の基準を決めてこれでいいだろう、みたいなことにならないか」「一度決まったことはなかなか変わらないから、変な数値を決められてしまったらもうおしまいだ」という危惧感も抱いていました。

今回の検討会ではＥｖａにも関係団体として発言の機会がありました。そして、幸いにもメンバーの方々にプレゼンをする機会が２度ありました。そこで劣悪業者の実態を知っていただけたことはたいへんよかったと思っています。ですが、知っていただきたいことはまだまだたくさんありますので、今後検討会メンバーになることができるのであれば、その時は全国各地で起きている様々な実態をもとに実行性のある改正につなげていきたいと思っています。

▼数値規制の副作用

数値規制について、業界団体は、「13万匹以上のペットが行き場を失うことになる」とか「基準頭数の上限を超えた犬や猫を処分しなければならなくなる」といったことをたびたび言ってきました。過去の部会（第57回部会）では、数値規制の上限頭数をめぐって、「もし１人あたり15頭以上（数値基準以上）飼育している事業者に優良事業者は１人もいないということなら、行政が、登録事業者の半数以上が優良でない状態をずっと放置してきたことになるのでは」といった趣旨の疑問、また「67万人の家族の保証が必要」といった意見が出されたことがありました（ただし、この疑問・意見には、ある委員から、「業界側が自主努力・自主規制ということを言ってきたからそれを信じてここまできたのではないか」という指摘がありましたが）。

けれども、そういったこととはまた違う副作用こそ懸念されるべきではないでしょうか。数値規制の施行に伴い、今、繁殖引退犬や売れ残った犬や猫などの行き先について、あの手この手でビジネス化しようとする動きが起きています。

たとえば、ある団体は、不要になった犬や猫を保護犬・保護猫としてHPに掲載して里親を募集し、「譲渡費用」をとって引き渡しています。また、保護犬・保護猫についてペットの信託をはじめる団体もあります。ペットの信託とは、飼い主が世話のできない状態になった場合には、飼い主にかわって信託会社などが飼い主の財産を管理・処分し、飼い主から犬や猫の終生飼養を引き継ぐ人や団体に対して必要な費用を支払う仕組みです。一部の団体は、高齢者でも安心して保護犬や保護猫の里親になることができて、殺処分数も減る仕組みとしてこのペットの信託を推進しています。

一見、不幸な犬・猫が減るように思えるかもしれませんが、こういったビジネスが確立すれば、業者は、従来どおり過剰な繁殖を繰り返すのではないでしょうか。引退犬・猫をビジネス化した結果、今後どういう顛末になるか注視していく必要があると思います。

2　まやかしの週齢規制

引き離される親子

仔犬も仔猫も心身ともに健やかに成長するためには、生まれてから最低でも8週までは母親ときょうだいのもとで生活することが必要です。親やきょうだいとあまり早く引き離すと、抵抗力が弱くなりますし、ほかの犬や猫、また後の飼い主とうまくやっていくための社会性を身につけることができないと言われています。飼い主のもとで、吠え癖やかみ癖といった問題行動を起こすリスクが高まると言われることもあります。ですから、早く引き離さないことは、犬や猫のためにも、人のためにも大切なのです。

もっとも、きちんとしたブリーダーは12週ぐらいまで手元において、しっかり社会性を身につけてから飼い主に引き渡しますから、本来なら8週どころではありません。最低ラインで8週ということです。

けれども今まで、その8週さえ守られていませんでした。法律には8週と書いてあったにもかかわらずです。

8週齢が守られてこなかったワケ：動物愛護法と週齢規制

週齢規制とは仔犬や仔猫の販売時期をめぐる規制で、動物愛護法には、２０１２年の改正のとき、本則に「仔犬や仔猫を販売できるのは生後8週経ってから」と明記されました。本則というのは、法律の本体の部分です。

ところが、法律の附則には「すぐに8週、56日とするのではなく、まずは45日とし、次に49日にし、そのあとに56日にすることにしましょう」と書かれていました。読み替えて49日になるという訳のわからない規定です。

そのため、実際には、12年の改正後も仔犬や仔猫は生後8週経つ前に親と引き離されてきました。

もとより、わたしはペット業界に対して「健全な信頼関係を飼い主と築くためには、心身ともに健康な犬と猫を供給する責任があるのではないか。そのためには仔犬・仔猫たちは8週は親やきょうだいから引き離さないようにすべきではないか」とモノ申してきました。けれども12年の改正後は、附則を改正する必要性も訴え続けることになりました。

そして7年。

その間にどれだけの意見が交わされ、どれだけの抵抗があったかを思い返すと、幼いうちに犬や猫を売ることが大きな利益につながっていることを改めて実感しますし、今思えば、19年改正の実際では、8週か7週かで議論が迷走・混乱してグダグダになりましたから、初めから、附則をとって8週齢にというのではなく、「法律本則で12週にしてもらいたい」と言っておけば、もっと早く附則をとれたかもしれませんし、12週と8週の間をとって9週ぐらいにはなったかもしれません。業者に歩み寄りすぎた、遠慮しすぎたと思います。

ですが、紆余曲折（うよきょくせつ）のある道のりではあったものの、19年の改正で、ようやくこの附則規定が削除されることになりました。

次にお話するある例外を除いて、本当に、法律上8週ということになったのです。

やっぱり8週齢が守られないワケ：議員立法の限界

その話をわたしが初めて聞かされたのは、2019年5月22日、各党とも改正案について「これでよし」とまとまって、あとは国会へ法案を出すだけというときです。突然、新法で週齢規制の特例を設けようという話が出てきました。

特例として、天然記念物にあたる犬についてだけ、生後8週の56日ではなく49日で仔犬を売ってもよいことにするというのです（現在、天然記念物として指定されているのは柴犬、紀州犬、四国犬、北海道犬、甲斐犬、秋田犬の6種類）。

結局、この特例は、次の「指定犬に係る特例」として附則にねじこまれ、そのまま法律が成立しました。

附則抄

（施行期日）

1　略

（指定犬に係る特例）

2　専ら文化財保護法（昭和25年法律第214号）第109条第1項の規定により天然記念物として指定された犬（以下この項において「指定犬」という。）の繁殖を行う第22条の5に規定する犬猫等販売業者（以下この項において「指定犬繁殖販売業者」という。）が、犬猫等販売業者以外の者に指定犬を販売する場合における当該指定犬繁殖販売業者に対する同条の規定の適用については、同条中「56日」とあるのは、「49日」とする。

もっとも、これについては誰も納得していません。そもそも12年の改正のときに、法律の本則に8週と書かれたということは、8週に根拠があると認められたからのはずです。それにもかかわらず、わたしたち愛護団体は、「附則を取って生後8週に」というたびに、「8週の科学的根拠を示せ」と言われ続けてきました。環境省がアンケート結果をもってきて、「アンケートをしたところ、8週と7週で大差はないと解されるので8週にする必要はない」と言ってきたこともありました。

それなのに、指定犬の特例については何の科学的根拠もないままねじこまれたのです。いまだに天然記念物だとなぜ49日でよいのか、よくわかりません。

ただ、とてつもなく大きな政治力が働いたことだけは確かです。動物愛護法は議員立法ですから全会一致が基本になります。全会一致とは、法案を国会に提出した後に反対者が出ないよう、あらかじめ内部でみんなの意見を一致させておく、内部固めをしっかりしておくということです。ですから誰か1人でも意見の一致しない者がいると、国会に法案を出すことができません。

つまり今回の特例については、国会に法案を出す直前になって「指定犬の特例をつくろう（特例を入れてもらえないのであれば法案に賛成しない）」と言い出した議員がいて、そのままでは法案を国会に出せないので、「特例を入れれば法案に賛成してもらえるのならやむをえない。特例を入れよう」ということで意見がまとまったのです。

政治ですから妥協は仕方がありませんし、要求をのむ判断をされた先生方を責めるつもりもまったくありません。ただ、心底驚きました。こういう手があったのか、と。

今後は、特例を定めている附則規定を削除するための闘いを続けていくつもりです。

3　不適切な販売方法

仔犬・仔猫を販売する方法はいろいろあります。

移動販売は、移動展示即売会ともいって、売れ残った犬や猫などを動物販売業者が動物取扱業の登録を受けた「事業所」以外の場所に連れて行ってセール販売するものです。フクロウなどの猛禽類や爬虫類を取り扱うこともあります。デパートの屋上の特設会場のこともあれば、東京ドームのような大きい会場でされることもあり、たいていは1日2日のイベントです。

この移動販売では、スペースや設備が限られるため、犬や猫が狭い箱に入れられて陳列されている、フクロウが両足を縛られて展示されているなど、動物が行動特性を無視した方法で展示されていることがよくあります。

「物」扱いの動物たち

ネット販売では、ネットで写真を見て欲しい犬・猫を選んで注文すると、仔犬・仔猫が航空貨物便などを使って購入者のもとに届けられます。犬や猫は空輸であれば航空機の貨物室に入れられて運ばれます。もちろん、航空会社は取扱いに十分な配慮はしてくれますが、貨物室には、彼らの様子を確認してくれる人はいません。なかには、遠方から空輸で送られてきた仔犬が購入者のもとで衰弱して死んでしまうこともあります（国民生活センターの相談事例より http://www.kokusen.go.jp/news/data/n-20120202_3.html）。

生体展示販売とは、ショーケースに仔犬や仔猫を展示して販売する方法です。ペットショップなどでよく見かけます。仔犬や仔猫は毎日、狭いショーケースに長時間拘束され、休日ともなれば、多数のお客さんに抱っこされ、撫でられ、触られます。さらに、一部のペットショップでは、仔犬や仔猫を長時間・長期間にわたり自然に立つこともできない小動物用の飼育ケースや段ボールに閉じ込めています。これは、内部告発によってわかった事実です。管理している動物たちの数に見合った展示スペースがないために、また病気にかかっている、もしくは大きくなりすぎた仔犬・仔猫は商品として展示できずに在庫扱いになるため、こういうことが起きるのです。

販売方法と動物愛護法

▼2012年の改正　販売方法については、12年の法改正のときに、販売業者は購入希望者に動物を直接見せ、飼い方やブリーダー情報などを対面で説明してから販売しなくてはいけないと決められました（19年改正前動物愛護法21条の4）。

けれども、説明や直接確認をする場所までは指定されませんでしたので、改正後も移動販売をすることができました。また移動販売の場合は、「ずっとそこにあるわけではないから」「夜は連れて帰っているから」といった理由で、ほとんどの自治体では、24時間以内の販売であれば、イベントの開催地を管轄する都道府県での第一種登録は不要とされており、24時間を超えるイベントだからと登録申請をしても1日のみのイベントとして扱われることもありました。

そのため、行政が開催の事実自体を知らないイベントも数多く開かれ、動物愛護団体などが会場をのぞいて見ると、動物たちがひどい展示のされ方をしている、そういうことがまかりとおっていました。

また、24時間を超えるイベントについては、仕組みの上では、業者が登録申請をすると仮の登録番号が発行され、イベント当日に行政が立ち入って不備などがなければ正式登録されることになっていて、見かけ上は、立ち入りで不備があれば登録も開催もできないことになっていますが、実際は、不可にできる基準がないので、申請さえすれば仮登録・正式登録してもらえました。仮の登録番号をもらえますので、業者は、事前に広告宣伝もできます。

ネット販売も、法の抜け穴をつく方法で続けられていました。売るほうは動物だけを空輸して、

写真㊤㊦　あるペットショップのバックヤード
（写真提供：Eva）

動物が空港に到着すると、販売業者の代行業者が動物を受け取ります。そして、空港で待っていた購入者に、代行業者が直接動物を見せて説明をして動物を引き渡すのです。このやり方で、法の求める「直接見せ、対面で説明をしてから販売」したことになるのです。

▼2019年の改正

19年の改正では、対面での説明や直接確認は「事業所」でされなくてはならない、動物を販売するには登録をした「事業所」が必要と決められました。法21条の4には次のように書かれています。

（販売に際しての情報提供の方法等）
第21条の4　第一種動物取扱業者のうち犬、猫その他の環境省令で定める動物の販売を業として営む者は、当該動物を販売する場合には、あらかじめ、当該動物を購入しようとする者（第一種動物取扱業者を除く。）に対し、その事業所において、当該販売に係る動物の現在の状態を直接見せるとともに、対面（対面によることが困難な場合として環境省令で定める場合には、対面に相当する方法として環境省令で定めるものを含む。）により書面又は電磁的記録（電子的方式、磁気的方式その他人の知覚によつては認識することができない方式で作られる記録であつて、電子計算機による情報処理の用に供されるものをいう。）を用いて当該動物の飼養又は保管の方法、生年月日、当該動物に係る繁殖を行つた者の氏名その他の適正な飼養又は保管のために必要な情報として環境省令で定めるものを提供しなければならない。

※傍線は19年改正で挿入された箇所

これでようやく一時的に借りたイベント会場や、空港などの途中の経由地点などで犬や猫を渡して販売することはできないことになりました。

イベント開催場所を管轄する都道府県に第一種の登録をすれば、イベント会場を「事業所」として1日だけの移動販売を認めるのかについては、現在、環境省が検討中です。

もっとも、今後も移動販売が認められるとしても、先にお話した新基準は移動販売にも適用され、新基準には、動物たちの休憩スペースや休憩時間についての具体的な基準が定められています。よって、わざわざ登録をしてまで短期間のイベントを開催することのメリットはそう大きくないかもしれません（新基準の対象は犬・猫ですから、たとえばフクロウなどのエキゾチックアニマルの移動販売には基準は適用されません。犬・猫以外の数値規制についても今後話し合うとされていますが、今のところいつから話合われるのかなど具体的なことは決まっていません）。

生体展示販売については、展示スペースに関しては、今までは具体的な規制はありませんでしたが、新基準はペットショップにも適用されます。今後は1頭につきある程度の展示スペースは確保されることになります。

4　いま、なぜマイクロチップの装着か

マイクロチップの目的

マイクロチップは電子標識器具で、チップには15桁の数字が記録されています。猫や犬の体内にチップを埋め込み、登録機関のデータベースにチップ番号と飼育者情報、動物情報を登録すれば、チップ番号から飼育者を特定することができるようになります。

ところで、チップの本来の目的として、飼い主明示がありますが、それだけでなく、トレーサビリティーもある、とわたしは考えています。トレーサビリティーとは、犬や猫がいつどこで繁殖され、どのペットオークションを経て、どこのペットショップに来て、誰に売られたのかを記録しておくことで、犬や猫から繁殖元までさかのぼれるようにすることです。

そうすれば、もし販売された仔犬や仔猫に遺伝的疾患がみつかった場合には、繁殖元や販売元を特定し追及することが可能になります。今まで、購入した仔犬・仔猫に遺伝的な疾患があっても繁殖元を特定することが困難な場合が多くありましたから、チップの利用はペット業界の健全化にたいへん有意義なのです。

動物愛護法とマイクロチップ

マイクロチップの装着については、２０１２年の改正の際に、マイクロチップの装着等の推進お

よびその装着の義務づけに向けての検討に関する規定を設けることになっていました（附則第14条関係）。それを受けて、19年の改正では、マイクロチップの装着は犬と猫を販売する業者の義務とされました。

法律には次のように書かれています。

（マイクロチップの装着）
第39条の2　犬猫等販売業者は、犬又は猫を取得したときは、環境省令で定めるところにより、当該犬又は猫を取得した日（生後90日以内の犬又は猫を取得した場合にあつては、生後90日を経過した日）から30日を経過する日（その日までに当該犬又は猫の譲渡しをする場合にあつては、その譲渡しの日）までに、当該犬又は猫にマイクロチップ（犬又は猫の所有者に関する情報及び犬又は猫の個体の識別のための情報の適正な管理及び伝達に必要な機器であつて識別番号（個々の機器を識別するために割り当てられる番号をいう。以下同じ。）が電磁的方法（電子的方法、磁気的方法その他の人の知覚によつて認識することができない方法をいう。）により記録されたもののうち、環境省令で定める基準に適合するものをいう。以下同じ。）を装着しなければならない。ただし、当該犬又は猫に既にマイクロチップが装着されているとき並びにマイクロチップを装着することにより当該犬又は猫の健康及び安全の保持上支障が生じるおそれがあるときその他の環境省令で定めるやむを得ない事由に該当するときは、この限りでない。

2 略

マイクロチップに関わる規定は、２０２２年6月1日から施行されることになっており、政省令の検討や情報登録システムの構築、指定登録機関などに係る検討が行われています。

もっとも、トレーサビリティーを目的と考えると、いくつか課題点があります。

1つめは、データ管理団体の一元化です。現在、データを管理している団体は一般社団法人ジャパンケネルクラブほか数団体があり、今回できた規定でも、管理団体は複数になることが予定されています。その場合、各指定登録機関の間での相互連携が課題となります。

2つめは、データ上書きの危険です。これまでは、新しい飼主が情報を申請・登録すると、元の飼主の飼育者情報は上書きされる仕組みでした。このままではデータは蓄積されませんから、たとえ業者にマイクロチップを義務づけても流通経路を追えないので意味がありません。そのためデータベースのシステムを変える必要がありますが、これは難しいことではないと思います。

また、前提として、議員や官僚の方々が今後どこまでトレーサビリティーを意識して進めていかれるのか、ということがあります。そもそも法改正の議論の場では、トレーサビリティーという話は出ていませんでした。あるとき突如として自民党の中にマイクロチップについてのプロジェクトチームが立ち上げられ話だけが勝手に進んでいくのをみて、「チップを義務化するのであれば、目的をもっとはっきりさせておきましょうよ」ということで、わたしたちが「トレーサビリティー」と言い始めたのです。マイクロチップに関わって大きなお金が動きますから、目的をはっきりさせ

ておかないと、結局、何のためにチップを義務化したのか曖昧になってしまいかねないと思ったの

コラム❷

マイクロチップの装着

マイクロチップは動物病院で獣医師等に装着（挿入）してもらいます。

マイクロチップの挿入後、チップが穴から抜ける可能性はほぼゼロと言えると思います。とあるペットショップで挿入されたマイクロチップが挿入口から抜けたという事例を聞いたことがありますが、それは挿入が浅かったためだということがその後わかりました。何度も同じ穴を針で開けたりするならともかく、一度針を入れただけの道を通って外に抜けるには外からしごいて押し出そうとでもしない限り不可能でしょう。

また、挿入時の穴が塞がらないのではないかと心配する方もありますが心配はありません。12Gという太さ（2㎜程度）の針を使いますが、穴が塞がるのに何週間もかかることは考えられません。たとえば、皮膚の一部（に腫瘤ができてそれを）を切り取る生検トレパンという医療器具があるのですが、5㎜程度のくり抜きなら、糸をかけることもなく放置しますが、1週間程度で穴は埋まります。12Gの針は確かに太いですが、すぐ塞がります。

マイクロチップの体内移動については、「定着するまでに激しく動くと、体内で移動する可能性がある」というのは本当のことです。レントゲンを撮るとマイクロチップが移動して肩の下に落ちていたり、前胸部のあたりにあることがしばしばあります。

ただ、これは仔犬だからという理由ではなく、その犬の性格、挿入の深度や挿入位置の微妙な誤差などが関係しているようです。逆に、仔犬の時に入れた方が、細胞が活発なので、定着までの時間は非常に早いと思います。老犬になってから入れる方がマイクロチップの移動する確率は高くなるのでは、と思います。

（Cafelierクリニック、小林充子獣医師）

です。

大きなお金というのは、犬や猫の登録料が1頭につき1050円（a·i p oの場合）、チップの装着費用は1頭につき数千円から1万円ですから、毎年、流通にのる犬や猫の数を考えるといかに莫大なお金が動くかをおわかりいただけると思います（2017年度の犬猫の販売頭数は85万7814匹〔太田匡彦『「奴隷」になった犬、そして猫』朝日新聞出版、2019年、20頁〕）。

なお、環境省にトレーサビリティーについて確認したときには、上書きはせず過去の所有者の情報は残されるとのことでしたので、現状、課題は1つクリアされたといえます。

一般飼主とマイクロチップ

19年の改正では、一般飼主については、チップ装着は努力義務とされました。努力義務というのは、文字どおり「努めなければならない」ということで、努力さえすれば、法律は結果までは関知しない、行政が強制したりはしないということです。

また、犬にマイクロチップを装着した場合には、そのチップは畜犬登録をしたときに交付される「鑑札」とみなされることにもなりました（法39条の7第2項）。犬は、すでに狂犬病予防法で、飼主には市町村長への登録が義務づけられていますから（4条の畜犬登録）、努力義務とされたことはよかったのだと思います。

5 忘れてはならない消費者の責任

ここまでペット業界の実態を法律の仕組みにもふれながらお話してきました。人間の身勝手のせいで不幸になっている犬や猫がたくさんいること、状況を変えるには法改正をはじめ地道な努力の積み重ねが大切だ、ということがおわかりいただけたのではないかと思います。

ただ、最後に1つ伝えたいことがあります。それは、ペットビジネスは欲しがる消費者がいるから成り立っている、ということです。

「小さくて、ぬいぐるみみたいで可愛い」「人気のある品種だから」……そうやって消費者が仔犬・仔猫を欲しがることが、

・できるだけたくさんの仔犬・仔猫を産ませるだけ産ませ、病気や歳で子どもを産めなくなったら見捨てる、

・幼いうちに親と引き離して売りに出し、大きくなったら売れないから見捨てる

そういった非人道的なビジネスをうみだしているのです。

もちろん、命を命とも思わない業者はひどい、悪い。けれども、欲しがる消費者がいる限り、わたしたちがどれだけ頑張ろうと、法律が変わろうと、不幸の連鎖は終わりません。

ですから、まずは、むやみに欲しがらないでほしい。

「ぼくたちは『物』じゃない。命なんだ。」

動物たちは、きっとそう叫んでいます。

Ⅱ　動物保護団体：道具にされる命

名ばかりの保護団体

動物保護団体と聞くと、多くの人はよいイメージを抱かれるかもしれません。けれども悪いところも多いのが現実です。「悪い」というのは、動物たちをきちんと管理、保護していないということです。

名目は非営利ですが、そもそもの目的が寄付金を集めることにあるのがみえてくる団体も山のようにあります。多数の動物を保護したとか緊急保護したとのパフォーマンスで注目と賞賛、寄付金を集めるだけ集めて、寄付金は動物の医療費、動物福祉の充実、環境整備のためには使わない。ですから、動物たちは増える一方で、彼らの住環境や健康状態はどんどん悪化し、ＱＯＬ（quality of life：生活の質）もどんどん低下していきます。本来きめ細やかな世話や、多数の相談を受け保護活動に真摯に対応しているところに、パフォーマンスや自分たちをアピールする時間は皆無です。動画サイトで、毎日「保護した！」と臨場感たっぷりに発信している動物愛護団体は、動物を利用した視聴数稼ぎのビジネスとしか思えません。

「認定NPO」とついていても安心はできません。管理の悪い団体は、詐欺同然、第一種の場合より悪質、といってもよいでしょう。第一種の場合は、もともとが営利ですが、第二種は「動物たちを助けますよ」と言いながら人の善意を利用して商売をしているのですから。

最近は、第一種の販売業者が売れ残った犬や猫の受け皿にするために、あえて保護団体をつくったり、保護動物として譲渡する仕組みを巧みに作っています。

ちなみに、悪質な保護団体の実態についても、わたしは議員の先生方や環境省に現場写真を見せ

――コラム❸――

ドイツのティアハイム

ドイツでは、捨てられた動物や劣悪な環境から救い出された動物は、ティアハイム（Tierheim）と呼ばれる保護施設に引き取られます。

ティア（Tier）とは、日本語で「動物たち」、ハイム（Heim）は「我が家」という意味です。「ハウス（Haus：家）」ではなく、あえて「ハイム（Heim：我が家）」としているところにドイツの動物愛護意識の高さを見て取れる気がしますが、ティアハイムに引き取られた動物たちは広くて清潔なスペースを与えられ、文字どおり、「我が家」のようにくつろげる空間で暮らします。

特定非営利活動法人アナイス「平成29年度ドイツにおける動物保護の取組みに係る調査業務報告書」によれば、ドイツにはこういったティアハイムが約1400存在し、民間のティアハイムだけでなく公共のティアハイムもあるそうです。

なお、社団法人ドイツ動物保護連盟（Deutscher Tierschutzbund e.V.）――ヨーロッパ最大の動物・自然保護の上部組織――のHPによれば、そのうち約550のティアハイムが、同連盟に加盟しています。

（文責　法律文化社編集部）

ながら説明をして、第二種の問題やどこに規制が必要かを伝え続けています。保護団体に関わる問題も、実際に現場で見たり経験したり、つながりのある団体から情報を聞いたりしないとなかなかわからないからです。

非営利の団体と動物愛護法

動物愛護法では、動物保護団体は「第二種動物取扱業者」にあたります。「第二種動物取扱業者」とは、人が暮らしているスペースとは別に動物のためのスペース、たとえばシェルターなどを持っていて、一定数を超える動物（犬や猫であれば10匹）について、保護活動などを非営利でしている団体のことをいいます（法24条の2の2、規則10条の5第2項）。ほかに、里親探しのボランティアなども第二種です。ちなみにEvaは、シェルターをもって保護活動をしているわけではありませんので第二種ではなく、啓発団体になります。

そして法は、この第二種の業者についても、守らなくてはいけないことを決めています。もっとも、第二種は行政への届出だけで始めることができる（法24条の2の2：届出制）、守らなくてはならない基準（法24条の4、21条）が曖昧すぎるなど、その規制が甘かったのは第一種と同じです。

２０２１年4月1日に公布された新基準は、第二種にも適用されます。大きな効力を発揮し行政が悪質な保護団体などを一層厳しく取り締まれるようになることを願っています。

Ⅲ 殺処分：翻弄される命

1 殺処分ゼロの弊害

昨今、「殺処分ゼロ」を目標に掲げる自治体が増えました。東京都や神奈川県など「殺処分ゼロ」を達成したと宣言する自治体もあります。

こう聞くと、「殺される犬や猫がゼロになるのだから、ゼロになったのだからよかった」、そう思われる方も多いことでしょう。けれども、今、「殺処分ゼロ」という言葉の独り歩きによって様々な弊害が生じています。

引取り拒否と動物愛護法

犬や猫の引取り依頼の理由は様々です。よくあるのは、飼い主が直接持ち込む飼育放棄のパターンです。捨てられた（遺棄された）犬や猫、捕獲された迷子の犬や猫が持ち込まれる場合もあります。ほかにも飼い主が入院することになったので、様々な手段をつくして猫の貰い手を探したけれどどうしてもみつからないので引取ってほしい、という場合もあります。

けれども、行政は、依頼されると犬や猫を必ず引き取らなくてはいけないわけではありません。

2012年の改正前は、所有者から引取りを求められた場合、行政はその引取りを拒否できませんでしたが、12年の改正で、動物愛護法に次の7条4項の規定ができました。

（動物の所有者又は占有者の責務等）

第7条　1～3　略

4　動物の所有者は、その所有する動物の飼養又は保管の目的等を達する上で支障を及ぼさない範囲で、できる限り、当該動物がその命を終えるまで適切に飼養すること（以下「終生飼養」という。）に努めなければならない。

この規定は、動物の飼い主は最期まで愛情と責任をもって動物たちの世話をするよう努力しなければいけない、動物の所有者には終生飼養の努力義務があることを定めています。

また、35条には、行政は「動物の所有者に終生飼養の努力義務があること」に照らして犬や猫の引取りを拒否することができることが書き加えられました。

35条は次のような規定です。

（犬及び猫の引取り）

第35条　都道府県等（都道府県及び指定都市、地方自治法第252条の22第1項の中核市（以

下「中核市」という。）その他政令で定める市（特別区を含む。以下同じ。）をいう。以下同じ。）は、犬又は猫の引取りをその所有者から求められたときは、これを引き取らなければならない。ただし、犬猫等販売業者から引取りを求められた場合その他の第7条第4項の規定の趣旨に照らして引取りを求める相当の事由がないと認められる場合として環境省令で定める場合には、その引取りを拒否することができる。

※傍線は12年改正で書き加えられた部分

これにより、行政は、相当の理由、よほどの理由がない場合には、犬や猫の引取りを拒否することができるようになりました。相当の理由がない場合については、環境省令（「動物の愛護及び管理に関する法律施行規則」）が、

・老齢や疾病を理由とする場合
・飼養が困難であるとは認められない理由により引取りを求められた場合
・あらかじめ譲渡先を見つけるための取り組みを行っていない場合

などをあげています。

ですから、たとえば、「犬や猫が年をとってしまったから」「飽きた」「世話が面倒になった」といった理由であれば、行政は飼い主からの引取りを拒否できることになります。

ちなみに、実際、わたしは、引き取りを拒否された飼い主が激怒しながら犬を小脇に抱えて帰っていくのを見たことがあります。連れ帰られた犬がその後まともに世話をしてもらっているとはと

うてい思えませんし、終生飼養の努力義務があるからと追い返しても、一度手放そうとした飼い主が改心をしてその動物を何年も大切に育てるとは思えません。ですが、ともかく法律上は、12年の改正で行政が引取りを拒否できることになったのです。それは19年の改正後も変わりません。

見えない引取り拒否の理由

ところで、引取り拒否について問題だと思うのは、行政は、たとえば、冒頭であげた「必死で譲渡先を探したけれど引受先が見つからない」「迷子の仔犬・仔猫を拾った」という場合でも「殺処分をしてもよければ引き取りますよ」と言って、殺処分をちらつかせることもあることです（自治体によってはほとんどといってもよいかもしれません）。センターに連絡してくる人は、昔のように、「犬や猫を殺処分してくれ駆除してくれ」という人ではなく、圧倒的多数は、「助けたい」と思っている人たちです。市民は行政にセーフティーネットの役割を求めているのに、センターが言うのは「殺処分」。助けたいと思っている相談者に対し「殺していいか？」と訊くのです。そう訊かれて「では引き取ってください」と誰が言えるでしょうか。

引取り拒否をすれば、引取数が減り殺処分ゼロを達成しやすくなりますが、そのために遺棄されるケースも数多くあります。遺棄や迷子、そして動物福祉の観点から一時保護の必要がある動物に行政が手を差しのべなければ、餓死する子や、交通事故に遭って、即死ならまだしも、何日も苦しんで死ぬ子がたくさん出てきます。最後の砦が行政のはずです。それなのに、着々と施設の整備はしながら引取り拒否をするというのは矛盾しています。そういった自治体は、そもそも「殺処分ゼロ」を自治体の成果としないでいただきたいと思います。環境省のデータによれば、全国の自治体における犬猫の引取り数は年々加速的に減少していますが、その理由はぜひ検証されるべきでしょう（環境省の統計資料によれば、平成10年には犬・猫の引取り数は約66万頭であったが、令和元年は8万6000頭）。

なお、行政の引取り拒否のしわ寄せは民間のボランティアにいくことも見すごされてはなりません。引き取ってもらえなかった犬や猫の多くは、最終的には、地域の預かりさんや保護団体のところへいきます。預かりさんとは、里親が見つかるまで犬や猫を自分の家で預かるボランティアのことです。税金で建てた立派な施設はガラガラなのに、預かりさんはキャパシティオーバーになりながら自分の身銭をきって犬や猫を保護している、こんなおかしな現状は改善していかなければなりません。

登録団体への譲渡と殺処分ゼロ

センターに収容された犬猫は、元の飼い主がいない、または現れない場合で、譲渡が可能であれば、新しい飼い主や登録保護団体へ譲渡されます。

もっとも、ここに殺処分ゼロを達成するためのカラクリがあります。

登録団体には一度に複数の犬や猫を引き渡すことができますから、一部の自治体は、犬や猫をひょいひょいとも簡単に行政の登録団体に譲渡します。登録団体とはいえ、善意の団体ばかりとは限らず、なかには寄付金集め目的でセンターから多数の動物を引き出し、実績をアピールする団体もあります。しかし、行政にとってはそんなことは関係ありません。施設が空いて殺処分ゼロを達成しやすくなればよいからです。

その結果、登録団体の現場では次のようなことが起きています。

・多頭飼育となり世話がおいつかないため、センターにいたときよりも犬や猫はガリガリに痩せてしまった

・犬が健康診断・狂犬病予防注射もされず、一般の家庭で人と一緒に暮らすための社会化もされないまま「緊急譲渡会」と銘打った譲渡会で一般の人に譲渡された（行政が緊急譲渡会を主導している場合もある）

・行政から犬や猫を引き出したものの面倒をみきれなくなったので、他県の愛護団体や活動家に犬や猫を丸投げした

・行政から不妊・去勢手術の費用を受け取って犬を引き取ったが、お金は自分の施設の犬の餌代にまわしてしまい、引き取った犬は不妊・去勢手術をうけないまま逃げてしまった

動物たちを丁寧に譲渡してその先まで見届けるのが本来のあり方です。しかし、行政は殺処分ゼロを追求するあまり、たくさんの動物の世話をするには明らかに人員が足りない団体や劣悪な飼育をしている活動家のもとへ、飼育環境も確認しないまま動物たちを丸投げして後は知らない、そういうことも起きているのです。

環境省のデータによると、譲渡数（率）も年々増えていますが、これも実態をよく見る必要があります（環境省の統計資料によれば、平成10年には犬・猫の返還・譲渡数は約2万８０００頭だが、

令和元年は約5万3000頭)。

ちなみに、わたしは神奈川県の黒岩知事に陳情に行って、「センターから動物愛護団体に譲渡するのではなく、京都のように、直接センターの職員が譲り受けたいと手をあげた飼い主さん候補を見て一般譲渡してほしい」と要望しました。地方で実直に活動する団体の方から、団体譲渡の問題をはじめ、その地域の問題を聞くことが多々ありますが、それらの問題を行政のトップに伝え、地元の団体が抱えている問題の解決につなげていくことも、わたしたちの重要な活動の1つだと思っています。

ゼロの意味

殺処分「ゼロ」といっても、殺処分は〝いっさいできない〟ということではなく、現状では殺処分がやむを得ない場合もあります。

たとえばかみ癖があり人に慣れない野犬には、里親も見つかりません。仮に里親が見つかっても、譲渡した後で飼い主をかんだりすれば、結局、その犬はセンターに戻ってくることになりますし、県は責任も問われます。

そういう子たちを殺処分せずにいたら、センターの収容スペースが満杯になって過密飼育になり、過密飼育になれば、犬たちにストレスがたまり喧嘩・殺し合いが起こる可能性があります。実際、ある団体(保護犬の里親探しや、災害救助犬・セラピー犬の育成などを行っている特定非営利活動法人)の施設で、強い犬が弱い犬をかみ殺す事件も起きました。

「センターが過密飼育になるなら、空いている敷地にプレハブ小屋を建ててそこに犬を収容すればよいのでは」と言う方もいますが、そこがまた過密になったらどうするのか、空いている敷地がなくなったらどうするのか、人間を信じるようになるまで長期間にわたって彼らの面倒をみる人員はどうするのか、という話になります。行政施設のキャパや人員、そして行政の登録ボランティアさんのその時の状況を含め、フレキシブルな判断が必要で、一概にこうすればいい　という問題ではないのです。

いずれにしても、殺処分「ゼロ」は、むやみに命を奪うことをなくし幸せになる動物たちを増やす意味を持つ取組みのはずですが、動物たちの幸せに結びついていないのが現状です。

2　安易すぎる殺処分

行政に引き取られ、手厚い世話を経て、新しい飼い主にめぐりあえる犬や猫もいますが、一方で、引き取ってすぐに殺処分される場合もあります。ミルク猫といわれる乳離れをしていない仔猫です。ミルク猫には生まれたばかりなら2～3時間おきにミルクを飲ませなければなりません。けれども、職員がつきっきりで世話をすることは難しく、かといって、ミルク猫を一晩放っておいたら死んでしまいます。そのため、たいていはすぐに殺処分になるのです（ミルクボランティアを募集している自治体もあります）。

自治体が捕獲器で持ち込まれた猫を引き取って殺していた例もありました。

通常、自治体は、捕獲器で持ち込まれる犬や猫は引き取りません。というのは、たとえば捕獲器で捕まえられた猫であれば、猫嫌いであったり、猫が迷惑な人が野良猫や他人の飼い猫を捕獲器で捕まえて連れてきた可能性が高いからです。明らかに飼い猫の場合もあります。それなのに、ある自治体では首輪をした猫まで引き取って殺していました。

この事実を知ったとき、Ｅｖａはすぐに環境省に話をしに行き、全国の自治体に捕獲器で捕獲した猫を引き取っているか・いないかについてアンケート調査をしました。引き取っている自治体もあり、自治体により対応が違うことにたいへん驚きました。

3　殺処分の方法

ガスによる殺処分

殺処分の方法は、二酸化炭酸ガスを使う、薬剤投与をするなど、自治体によって異なりますが、環境省の資料によれば、現在、全体の約半数の自治体がガスによる殺処分を選択しています（注射との併用を含む）。ガスによる殺処分は、朝一番に行われます。処分後の犬や猫を焼却する炉が高温のうちは無人にできないので、朝の早いうちに炉を稼働させ、職員が帰るまでに炉を完全に冷ますためです。

以下は、センターで実際に殺処分を見せていただいたときの様子です。

見学の約束をしていた日の早朝、センターに到着したわたしたちは犬の収容棟のある部屋の前へと案内されました。その部屋には8頭の犬が入れられていました。

うろうろしている犬、人と目を合わせずお尻を向けて壁にもたれかかったまま硬直している犬、座ってじっとこちらを見つめている犬、ワンワンと吠えている犬……犬たちの様子は様々です。

その部屋の前で、職員が説明をしてくれました。「今犬たちがいる部屋は『最後の部屋』です。この部屋の右奥に見えるのが処分機です」と。

しばらくすると、「時間になったので始めましょう」と、センターの職員と県から業務委託を受けてやってきた職員たちが動き始めました。わたしたちが「最後の部屋」の前にじっと立っていると、部屋の奥の壁がゆっくりと上がり始め、その向こうに廊下が見えてきました。よく見ると、その廊下は右奥の処分機へとつながっています。

そして奥の壁が上がりきると、次に手前の壁がゆっくりと奥へと動き出し、同時に部屋の中へとホースで水が撒かれ始めました。迫ってくる壁と水で犬たちがどんどん廊下へと追い込まれていきます。

ちなみに、このとき1頭だけ、職員に用具で追いやられてもどうしても廊下に行こうとしなかった犬がいましたが、その犬は九死に一生を得ることになりました。ずぶ濡れになりながら必死に抵抗を続ける犬の姿にいたたまれない気持ちになられたのでしょう、1人の職員の方が「もういい。その犬は私が連れて帰りますから」と申し出られたのです。

そうやって、1頭を除くすべての犬が廊下へ押しやられると、今度は廊下の左側の壁が右へと動き始めました。こうなると、犬たちの行き場は、もはや処分機しかありません。

何かを悟ったのか、廊下で丸まって動かなくなってしまう犬もいましたが、結局、犬たちは処分機へと集められ、〝ガタン〟と処分機の扉が閉められました。

わたしたちが処分機の近くへと移動し、中を覗いていると、まもなくシューという音をたてて二酸化炭素ガスが流し込まれました。二酸化炭素は無味無臭です。ガスが流し込まれても、犬たちは何が起きているのかわからない様子で、小さなテリア犬は、わたしたちと目があうと尻尾を振りながら二本足で立ち上がり窓をカリカリと引っ掻きました。

けれども、何分もたたないうちに、犬たちは上を向いて苦しそうにあえぎ、足をバタバタさせ始

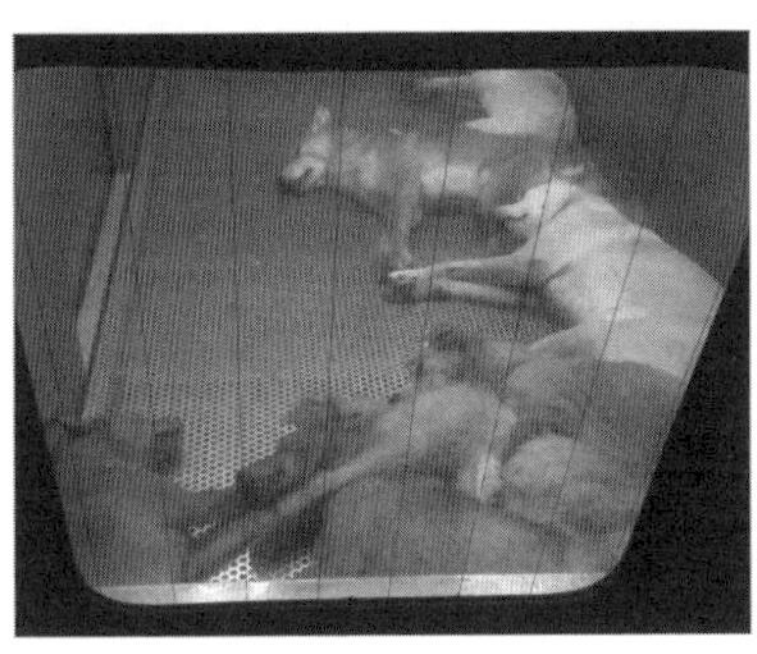

写真㊤　処分機へと集められた犬たち
写真㊦　息絶えた犬たち　（写真提供：Eva）

めたかと思うと、次の瞬間、テリア犬が突然バタッと倒れこみ、それに続いて、ほかの犬たちも痙攣をおこしながら次々に重なり合って倒れていきました。

しばしば何十分ものた間もがき苦しむといわれますが、ガスが流し込まれてからすべての犬が倒れるまで、わずか5分ほどではなかったかと思います。何頭かは倒れてからもビクッと身体が痙攣をおこしていましたが、それはおそらく酸素欠乏による反応でしょう。

すべての犬が倒れてから約15分。部屋の中のガス濃度が下がると、職員たちが処分機の中へ入り、犬たちの亡骸にむかって手を合わせ、一頭一頭の心音を確認して、彼らを同じ向きに並べました。職員たちが処分機の外へ出ると、再び処分機の扉が閉められ、今度は処分機が手前へと動き出しました。

焼却炉と接続するためです。そしてほんとうの最期の瞬間(とき)……。処分機の床が開き、犬たちはあっというまに炉の中へと落ちていきました。

殺処分の方法と動物愛護法

動物愛護法は、動物——犬や猫だけでなく、産業動物や実験動物なども含まれます——を殺す場合の方法について、次のように定めています。

（動物を殺す場合の方法）

第40条　動物を殺さなければならない場合には、できる限りその動物に苦痛を与えない方法によつてしなければならない。

2　環境大臣は、関係行政機関の長と協議して、前項の方法に関し必要な事項を定めることができる。

3　前項の必要な事項を定めるに当たつては、第1項の方法についての国際的動向に十分配慮するよう努めなければならない。

※3項は、19年の改正で新設

また、「動物の殺処分方法に関する指針」にも、次のように書かれています。

第3　殺処分動物の殺処分方法
殺処分動物の殺処分方法は、化学的又は物理的方法により、できる限り殺処分動物に苦痛を与えない方法を用いて当該動物を意識の喪失状態にし、心機能又は肺機能を非可逆的に停止させる方法によるほか、社会的に容認されている通常の方法によること。

4　動物愛護センターの役割

動物愛護センターは、昭和の昔は抑留施設で動物愛護を目的とする施設ではありませんでしたが、今は、動物愛護の推進という役割を担っていると言えます。

19年の改正では、センターの役割が法律で次のように明記されました。

（動物愛護管理センター）

第37条の2

1　略

2　動物愛護管理センターは、次に掲げる業務（中核市及び第35条第1項の政令で定める市にあっては、第4号から第6号までに掲げる業務に限る。）を行うものとする。

一　第一種動物取扱業の登録、第二種動物取扱業の届出並びに第一種動物取扱業及び第二種動物取扱業の監督に関すること。

二　動物の飼養又は保管をする者に対する指導、助言、勧告、命令、報告の徴収及び立入検査に関すること。

三　特定動物の飼養又は保管の許可及び監督に関すること。

四　犬及び猫の引取り、譲渡し等に関すること。

五　動物の愛護及び管理に関する広報その他の啓発活動を行うこと。

六　その他動物の愛護及び適正な飼養のために必要な業務を行うこと。

また、都道府県等に、動物の愛護と管理に関する事務を担当する職員（動物愛護管理担当職員）がおかれることになり（法37条の3第1項）、さらに、都道府県知事等は、動物愛護活動を、「動物愛護推進員」と呼ばれる人にまかせるよう努力義務を負うことになりました（法38条第1項）。「動物愛護推進員」は「地域における犬、猫等の動物の愛護の推進に熱意と識見を有する者のうち」から選ばれ、犬、猫等の愛護や適正飼養について住民の理解を深めたり、みだりに繁殖しないよう避妊手術について助言をしたり、譲渡のあっせん支援などをします。

19年の改正では、行政と民間の連携が意識されたように思いますが、今後、両者が協力しあって、より多くの犬や猫の適正な引取り・譲渡を実践していくことで、不幸になる犬や猫が減り、不必要な殺処分ゼロの社会が実現されることを願っています。

なお、わたしは、２０１５年度の開所以来、京都動物愛護センターの名誉センター長を務めています。

Ⅳ 動物虐待：切り刻まれる命

1 エスカレートする虐待とみあわぬ刑罰

動物虐待は昔から絶対数はあったと思います。もっとも、虐待をしている当事者以外の人が、虐待の現場に出くわすことはあまりなかったはずです。それが、ネット社会になり、動物虐待をしているところを収録した動画をネット上にアップする人たちが出てきたことで、動画を偶然見てしまった人が深く傷つく例が出てきています。なかには、ショックのあまり日常生活を普通に送れなくなる人もいます。

また、虐待動画をアップする人たちは、自分のあげた写真や動画が不特定多数の人に見られることで自己承認欲求を満たし快楽を感じますから、虐待行為をどんどん猟奇的なものにエスカレートさせます。そのうち彼らは動物では満足できなくなり、人にも同じことをするかもしれません。

ところで、19年の法改正までは、動物たちを殺す、または傷つける行為は「2年以下の懲役又は200万円以下の罰金」、虐待であれば「100万円以下の罰金」ですまされていました。

けれども、これでは非常に軽い犯罪ですからネットへの投稿や虐待のエスカレートを止められません。実際、虐待を愛好している人たちがネット上で集まり「動物なんて殺してもたいした罪にならない」と書き込んでいるのを見たことがあります。それに、警察も迅速に動いてくれませんでしたし、たとえ裁判になったとしても、やったことに見合うような刑罰はつきませんでした。どんなに残虐な虐待をしても実刑判決になる人は１人もいない、出されるのは執行猶予付きの判決ばかりという、とてもおかしい状況になっていました。

たとえば、わたしが裁判を傍聴した埼玉県の事件では、被告人は、捕獲器に閉じ込めた猫の全身に熱湯を繰り返し浴びせかける、ガストーチの炎であぶる、パイプに取り付けたロープで猫の首をつるして熱湯入りの缶につけるなどして合計９匹の猫を殺害し、４匹に傷害を負わせました。けれども、これだけひどいことをしたにもかかわらず、判決は検察官の求刑どおりの懲役１年10か月で、しかも４年の執行猶予がつきました。判決から４年間何事もなく過ごせば、その加害者は、もう何の刑罰も受けることはないということです。

2　動物虐待の厳罰化

厳罰化への道のり

動物を殺す、虐待することが非常に軽い犯罪だと考えられている現状を見ていて、わたしは、動物たちをしっかりと守るために、また動物虐待が人への犯罪へとエスカレートしないよう歯止めをかけるためにも厳罰化が急務だ、と考えるようになりました。そこで、19年の改正で、「今の動物愛護法は、動物を殺した人、虐待した人たちへの刑罰が軽すぎる。厳罰化すべきだ。」ということを強く訴えました。

しかし、厳罰化への道のりは決して平坦なものではありませんでした。「2年以下の懲役」をいきなり「5年以下の懲役」にするということで、非常に強い反発がありました。なかでも多かった意見は、ほかの法律とのバランスを考えて、器物損壊罪と同じ3年以下の懲役でいいのでは、というものです。刑法という法律では、他人の動物を傷つけた場合には器物損壊罪が成立しますが、その刑は「3年以下の懲役又は30万円以下の罰金若しくは科料」です。だからそれと同じでよいだろう、というのです。けれども「3年以下」というのは、わたしには感情的にどうしても納得がいきませんでした。命ある動物と「物」がなぜ同じなのでしょうか……。「どう考えても最低でも倍以上の引き上げが必要だ」、何の迷いもなくそう思いました。

たとえば、学者や官僚の方々は「法律の整合性」とよく言われますが、「整合性（ほかの法律と矛盾しないか）」という前に、そもそものところがおかしいのです。動物を殺傷しても、刑法では物を損壊する場合と同じように扱われ、動物愛護法の刑罰は「2年以下の懲役又は２００万円以下の罰金」と、物を壊した場合より軽かったのです。動物に「命」がある以上、彼らを殺す、傷つける、虐待する行為は本来重罪であるべきなのです。

もし「3年以下」で納得してしまうと、動物は「物」だということを認めてしまうことになる、そういう気がしました。それに、やはりあまり重くない刑罰だということで、動物殺傷や虐待の抑止

/社会保障・社会福祉/歴史/教育

思想と作法　笠井賢紀・工藤保則 編
りよく生き続けるために　4200円

トラリア多文化社会論　3000円
・塩原良和・栗田梨津子・藤田智子 編著
難民・先住民族との共生をめざして

かる公的扶助論　増田雅暢・脇野幸太郎 編
所得者に対する支援と生活保護制度　2400円

の病院・介護施設　加藤智章 編　3600円

居高齢者のセルフ・ネグレクト研究
事者の語り　鄭 熙聖　4000円

本映画にみるエイジズム　朴 蕙彬
高齢者ステレオタイプとその変遷　4100円

成年後見制度の社会化に向けたソーシャルワーク実践
●判断能力が不十分な人の自立を目指す社会福祉協議会の取り組み　香山芳範　2000円

知的障害者家族の貧困　3600円
●家族に依存するケア　田中智子

保育コーチング　新・保育環境評価スケール［別冊］
●ECERSを使って　ホリー セプロチャ 著/埋橋玲子 監訳/辻谷真知子・宮本雄太・渡邉真帆 訳　2200円

SDGs時代の国際教育開発学　3800円
●ラーニング・アズ・ディベロップメント
ダニエル・A・ワグナー 著/前田美子 訳

戦中・戦後文化論　赤澤史朗
●転換期日本の文化統合　6500円

ファシズム期日本の文化論、社会史、思想史の泰斗である著者の歴史研究を戦中戦後の通史的構成の下に編み直す。

第一部 戦中編　一 アジア・太平洋戦争下の国民統合と社会/二 太平洋戦争期の青少年不良化問題/三 戦時下の相撲界─笠置山とその時代
第二部 戦後・占領期編　四 戦後・占領期の社会と思想/五 出版界の戦争責任と情報課長ドン・ブラウン/六 占領の傘の下で─占領期の『思想の科学』/七 占領期日本のナショナリズム─山田風太郎の日記を通して
第三部 転換期日本の文化　八 戦中・戦後のイデオロギーと文化/補(一) 書評 鶴見俊輔『戦時期日本の精神史』
第四部 象徴天皇制論　九 藤田省三の象徴天皇制論/補(二) 近年の象徴天皇制研究と歴史学

改訂版

法学部入門〔第3版〕吉永一行 編　2100円
●はじめて法律を学ぶ人のための道案内

アソシエイト法学〔第2版〕　3100円
大橋憲広・後藤光男・関 哲夫・中谷 崇

法学への招待〔第2版〕　2900円
●社会生活と法　髙橋明弘

立法学〔第4版〕　4000円
●序論・立法過程論　中島 誠

18歳から考える人権〔第2版〕　宍戸常寿 編　2300円

アクチュアル行政法〔第3版〕　3100円
市橋克哉・榊原秀訓・本多滝夫・稲葉一将・山田健吾・平田和一

民法総則〔改題補訂版〕　髙森八四郎　2700円

新・消費者法これだけは〔第3版〕　2500円
杉浦市郎 編

ハイブリッド刑法総論〔第3版〕　3300円
松宮孝明 編

WTO・FTA法入門〔第2版〕　2400円
●グローバル経済のルールを学ぶ
小林友彦・飯野 文・小寺智史・福永有夏

新・ケースで学ぶ国際私法　3200円
野村美明・高杉 直・長田真里 編著

レクチャー社会保障法〔第3版〕　3000円
河野正輝・江口隆裕 編

生活リスクマネジメントのデザイン〔第2版〕　2200円
●リスクコントロールと保険の基本　亀井克之

新・図説 中国近現代史〔改訂版〕　3000円
●日中新時代の見取図
田中 仁・菊池一隆・加藤弘之・日野みどり・岡本隆司・梶谷 懐

民法テキストシリーズ

ユーリカ民法
田井義信 監修

1 民法入門・総則　大中有信 編　2900円
2 物権・担保物権　渡邊博己 編　2500円
3 債権総論・契約総論　上田誠一郎 編　2700円
4 債権各論　手嶋 豊 編　2900円
5 親族・相続　小川富之 編　2800円

新プリメール民法
〔αブックス〕シリーズ

1 民法入門・総則〔第2版〕2800円
中田邦博・後藤元伸・鹿野菜穂子
2 物権・担保物権法　2700円
今村与一・張 洋介・鄭 芙蓉・中谷 崇・髙橋智也
3 債権総論〔第2版〕　2700円
松岡久和・山田 希・田中 洋・福田健太郎・多治川卓朗
4 債権各論〔第2版〕　2600円
青野博之・谷本圭子・久保宏之・下村正明
5 家族法〔第2版〕　2500円
床谷文雄・神谷 遊・稲垣朋子・且井佑佳・幡野弘樹

新ハイブリッド民法

1 民法総則　3100円
小野秀誠・良永和隆・山田創一・中川敏宏・中村 肇
2 物権・担保物権法　3000円
本田純一・堀田親臣・工藤祐巌・小山泰史・澤野和博
3 債権総論　3000円
松尾 弘・松井和彦・古積健三郎・原田昌和
4 債権各論　3000円
滝沢昌彦・武川幸嗣・花本広志・執行秀幸・岡林伸幸

ハイブリッド民法5
家族法〔第2版補訂〕　3200円
※2021年春〜改訂予定

法律文化社　〒603-8053 京都市北区上賀茂岩ヶ垣内町71 TEL075(791)7131 FAX075(721)8400
URL:https://www.hou-bun.com/
◎本体価格(税抜)

法律

レクチャー法哲学〔αブックス〕
那須耕介・平井亮輔 編　3200円

子どもの道徳的・法的地位と正義論
●新・子どもの権利論序説　大江 洋　4500円

法思想史を読み解く
●古典／現代からの接近　2900円
戒能通弘・神原和宏・鈴木康文

日本近代家族法史論　村上一博　2900円

憲法を楽しむ　2700円
憲法を楽しむ研究会 編

リーガルリテラシー法学・憲法入門　2100円
浅川千尋

戦後日本憲政史講義　5900円
●もうひとつの戦後史
駒村圭吾・吉見俊哉 編著

憲法入門！ 市民講座　2200円
大久保卓治・小林直三・奈須祐治・大江一平・守谷賢輔 編

精神障害と人権　横藤田 誠　2700円
●社会のレジリエンスが試される

リベラル・ナショナリズム憲法学　6800円
●日本のナショナリズムと文化的少数者の権利
栗田佳泰

行政法ガールⅡ　大島義則　2300円

現代税法と納税者の権利　7800円
●三木義一先生古稀記念論文集
三木義一先生古稀記念論文集編集委員会 編

地方自治法と住民　2500円
●判例と政策
白藤博行・榊原秀訓・徳田博人・本多滝夫 編著

これからの消費者法　2400円
●社会と未来をつなぐ消費者教育
谷本圭子・坂東俊矢・カライスコス アントニオス

不公正な取引方法と私法理論　5200円
●EU法との比較法的考察　カライスコス アントニオス

民法改正と売買における契約不適合給付
古谷貴之　7800円

ハーグ条約の理論と実務　5200円
●国境を越えた子の奪い合い紛争の解決のために
大谷美紀子・西谷祐子 編著

改正債権法コンメンタール　7000円
松岡久和・松本恒雄・鹿野菜穂子・中井康之 編

傷害保険の約款構造　吉澤卓哉　5800円
●原因事故の捉え方と2種類の偶然性を中心に

職場のメンタルヘルスと法　5800円
●比較法的・学際的アプローチ　三柴丈典

障害法の基礎理論　5400円
●新たな法理念への転換と構想　河野正輝

政治／国際関係／平和学／経済

石橋湛山の〈問い〉　望月詩史
●日本の針路をめぐって　6000円

はじめて学ぶEU　井上 淳
●歴史・制度・政策　2400円

社会はこうやって変える！　2400円
●コミュニティ・オーガナイジング入門
マシュー・ボルトン 著／藤井敦史・大川恵子・坂無 淳・走井洋一・松井真理子 訳

資源地政学　2700円
●グローバル・エネルギー競争と戦略的パートナーシップ
稲垣文昭・玉井良尚・宮脇 昇 編

国際行政の新展開　2800円
●国連・EUとSDGsのグローバル・ガバナンス
福田耕治・坂根 徹

国際平和活動の理論と実践　2400円
●南スーダンにおける試練
井上実佳・川口智恵・田中（坂部）有佳子・山本慎一 編著

ドイツはシビリアンパワーか、普通の大国か？
●ドイツの外交政策と政策理念の危機と革新
中川洋一　7700円

核のある世界とこれからを考えるガイドブック
中村桂子　1500円

経済政策入門

平和学のいま
●地球・自分・未来をつなぐ見取図
平井 朗・横山正樹・小山英之 編

深く学べる国際金融
●持続可能性と未来像を問う
奥田宏司・代田 純・櫻井公人 編

国際通貨体制の論理と体系　7800円
奥田宏司

一般賠償責任保険の諸課題　6400円
●CGL・保険危機の示唆と約款標準化
鴻上喜芳

―社会の事象を検証する―

◆法学の視点から

入門 憲法学　2000円
憲法原理から日本社会を考える
京都憲法会議 監修／木藤伸一朗・倉田原志・奥野恒久 編

日本国憲法の基本原理・価値を確認しながら、リアルな憲法状況を考察し、問題にいかに向き合うかを明示する。

◆政治学の視点から

ポリティカル・サイエンス入門　坂本治也・石橋章市朗 編　2400円

政治にまつわる世間一般の俗説・神話を破壊し、政治を分析する際の視座を提示する政治学の入門書。コラムやおススメ文献ガイドも収録。

◆平和学の視点から

戦争と平和を考えるNHKドキュメンタリー
日本平和学会 編　2000円

平和研究・教育のための映像資料として重要なNHKドキュメンタリーを厳選し、学術的知見を踏まえて概説。

◆社会学の視点から

自分でする
DIY社会学
景山佳代子・白石真生 編　2500円

はじめて社会学を学ぶ人のための実践的テキスト。少しずつ学びを深められ、"社会学する"ことのおもしろさを実感できる。

◆社会福祉の視点から

幸せつむぐ障がい者支援
デンマークの生活支援に学ぶ
小賀 久　2300円

デンマークにおける障がい者支援の変遷と実際、考え方やしくみを具体的に紹介。支援の本質を究明し、誰もが幸せになるための社会的諸条件を提示。

にもならず、実際に起きている問題に法律が対応せず、法律は何のためにあるんでしょう、ということにもなります。ですから、「3年以下」でいったんまとまりかけたのですが、わたしは決して諦めませんでした。

ロビー活動と署名活動を展開したのです。会える議員の先生方全員に会いに行き、耳を傾けてくれる同じ先生のところへは何回もおうかがいしました。途中からはロビー活動の仕方を変え、先生

コラム❹

動物を殺しても実刑判決はありえない？
：執行猶予と量刑

量刑とは、裁判官が犯罪の種類や犯行動機、被害の大きさ、被告人が反省をしているかなど、様々な事情を考慮して被告人に言い渡す刑を決めること、また言い渡し刑が「3年以下の懲役若しくは禁錮又は50万円以下の罰金」の場合に、判決に執行猶予を付すか、付さずに実刑判決にするかを判断することをいいます。執行猶予とは、言い渡される刑の執行を一定期間猶予し、被告人が再び罪を犯すなどせず猶予期間を何事もなく過ごせば刑罰が消滅する制度です（刑法25条）。

ところで、量刑は、名目上は各裁判官の判断にまかされていますが、実務には量刑相場（罪名や犯罪態様でおおよその量刑が定まる）があるため、実際には、社会通念（社会の大多数が同意している常識）が大きく変わるなどの事情がない限り、裁判官が過去に起きた同様の事件とまったく異なる量刑・判決をすることは難しいのが実情です。

本文で述べたように、動物殺傷や虐待事件について今まで実刑判決が出されてこなかったのも、そういった事情が関係していると言えます。

もっとも、社会通念がかわれば話は別で、今後、社会の動物愛護意識がより高まれば、実刑判決も大いにありえます。

（文責　法律文化社編集部）

方に動物虐待の動画もお見せしました。動物虐待の残酷さは、言葉や写真で説明しても十分には伝わらないと感じたからです。

「動物虐待」という言葉だけを聞いても、げんこつで殴るとか足で蹴るとか、投げることぐらいしか想像できません。でも、そうではなくて、本当にひどい虐待というのは、火であぶったうえでグラグラと煮えたぎった熱湯を浴びせたりするのです。普通に心ある人ならこんなことができるはずがない、というレベルのものです。

先生方に動画をお見せるのは辛かったですし、一緒に見なければいけないので、わたしも精神的に非常にきつかったのですが、現実を心で見てほしい、実刑がつかないおかしさや、動物虐待が人への犯罪にエスカレートする可能性があることを理解してもらいたい、そう思って続けました。

その甲斐あって、お会いした先生方のなかに声を上げてくれた方がいらっしゃったことは事実です。また、署名活動では24万５０７９筆が集まりました。おかげで、前例のない引き上げが実現しました。

前例のない引き上げ

19年の改正では、動物への殺傷は「２年以下の懲役又は２００万円以下の罰金」から「５年以下の懲役又は５００万円以下の罰金」、虐待は「１００万円以下の罰金」から「1年以下の懲役又は１００万円以下の罰金」になりました。２年以下の懲役は、厳罰化されると3年以下の懲役になるのがよくあるパターンでしたから、５年以下の懲役になったというのは前例のない引き上げだといえます。法律には、次のように規定されています。

第44条　愛護動物をみだりに殺し、又は傷つけた者は、5年以下の懲役又は500万円以下の罰金に処する。

コラム5

法律上、動物は「物」!?

日本では、民法という法律でも、刑法という法律でも、動物は「物」として扱われます。

民法には、「この法律において『物』とは、有体物をいう」(85条)とありますが、動物はここにいう「物」に含まれます。「民法上、動物は『物』である」ということは、動物は売買などの取引の対象になる、経済活動の対象になる、ということです。

また、刑法には、窃盗罪(235条)や器物損壊罪(261条)など他人の「物」に対する罪が規定されていますが、動物はここでいう「物」にも含まれます。これはつまり、他人の「動物」を盗む、損壊(殺す)しても、刑法上は「物」に対する罪として扱われるということです。ちなみに、両罪が保護しているのは、他人の「物」だけですから、自分の「物」や無主物(所有者のない物)、たとえば自分の犬や猫、野良犬や野良猫を殺しても、刑法上の責任は問われません(動物愛護法違反にはなる)。

なお、ドイツでは、動物は法律上「物」ではありません。ドイツ民法には「動物は物ではない。」(90a条)とあります。また、連邦基本法(日本の憲法にあたる)は「国家はまた、将来の世代に対する責任において、(中略)自然的な生活基盤及び動物を保護する」(20a条)として、動物保護を国の目標としています。

(文責　法律文化社編集部)

2　愛護動物に対し、みだりに、その身体に外傷が生ずるおそれのある暴行を加え、又はそのおそれのある行為をさせること、みだりに、給餌若しくは給水をやめ、酷使し、その健康及び安全を保持することが困難な場所に拘束し、又は飼養密度が著しく適正を欠いた状態で愛護動物を飼養し若しくは保管することにより衰弱させること、自己の飼養し、又は保管する愛護動物であつて疾病にかかり、又は負傷したものの適切な保護を行わないこと、排せつ物の堆積した施設又は他の愛護動物の死体が放置された施設であつて自己の管理するものにおいて飼養し、又は保管することその他の虐待を行つた者は、1年以下の懲役又は100万円以下の罰金に処する。

3　愛護動物を遺棄した者は、1年以下の懲役又は100万円以下の罰金に処する。

4　略

なかなか法律が変わらない日本で、これだけ大きく刑が引き上げられたというのは奇跡的なことです。今後は、警察がより迅速に動いてくれることを期待しています。

ところで、改正法成立後の2019年9月、富山で起きた動物殺傷・虐待事件について、裁判官が「動物愛護意識が社会の中で高まりつつある」ことにも触れて、検察官の求刑「懲役6か月」よりも厳しい判決「懲役8か月」を出しました。裁判では、検察官の求刑も重視されますから、これは本当に大きいことだと思います。今後も、検察官の求刑にとらわれない判決がどんどん出されることを期待しています。

3　動物虐待のもう1つの形：ネグレクト

動物虐待には、暴力をふるうのとは違う「ネグレクト」と呼ばれるものがあります。これは、飼育放棄という形の不適正飼養のことです。ごはんや水を与えない、暑さや寒さをしのげない場所に拘束する、狭いケージや部屋の中でキャパシティを超える数の動物を飼育して弱らせる、病気や怪我をしていても病院に連れていかない、というように、やるべきことをやらないことをネグレクトといいます。劣悪な繁殖場やペットショップのバックヤードだけでなく、動物愛護団体や動物愛護活動家の施設、一般飼い主のところでもネグレクトは起きています。

ネグレクトの場合、たいていの飼養者・占有者はその状況をあたり前だと思っていますが、ネグレクトはれっきとした虐待、犯罪です（法44条2項）。動物たちに長きにわたって苦痛を与え続ける、いわば飼い殺しですから、事件としてきちんと取り締まることが必要です。

相手に「これがうちのやり方・考え方です」と言われてしまうと、それ以上はなかなか踏み込めない、通報を受けて行政や警察が駆けつけても「動物は死んではいない」「動物の死体がないから虐待ではない」といってとりあってもらえないことも多いなど、ネグレクトの取り締まりには難しさはあります。しかし、動物たちは苦しみを訴えることも逃げることもできませんから、誰かが声を上げなくては動物たちは救われません。

ですから、もしネグレクトが疑われる状況を見つけたら、勇気をだして最寄りの行政や警察に通報していただきたいと思います。

なお、Ｅｖａでは、毎年、9月の動物愛護週間向けにポスターとチラシを製作して無償配布していますが、２０２０年のテーマは「ネグレクト」でした。そのキャッチコピーは「言い訳は必要ありません。ネグレクトは犯罪です」。見過ごさない、許さない――その強い気持ちが動物たちのおかれている社会を変えるのです。

4 アニマルポリス

アニマルポリスとは、要するに、通報を受ける窓口を一本化しようという試みです。窓口が一本化すれば、住民にとってわかりやすく、「動物虐待は通報しなきゃいけない」「放っておいてはいけない」という意識につながっていく利点もあります。

受けた通報については行政が、指導に入って解決する問題なのか、警察に捜査を依頼するものなのかを判断しますから、行政と警察とで動物虐待の実態を共有することもできます。

現在、大阪府がアニマルポリスを開設し、大阪府動物虐待通報共通ダイヤル「♯７１２２」（悩んだら・わん・にゃん・にゃん）を設置しています。大阪市など大阪府下の各市の対応窓口にも、この共通ダイヤルから通報することができます。

5　アニマルレスキュー110（ひゃくとうばん）：虐待を発見したら

虐待に気づいた場合には、気づいた当事者が行政や警察に行くことが大切です。愛護団体・啓発団体にも「助けてほしい」と連絡が入ることはよくありますが、私たちには何の権限もありません。問題のありそうな施設に行っても立ち入る権限も指導する権限もないのです。相談をくれた人の代理人として行政に「行政の権限を最大限生かしてちゃんと仕事をしてくださ

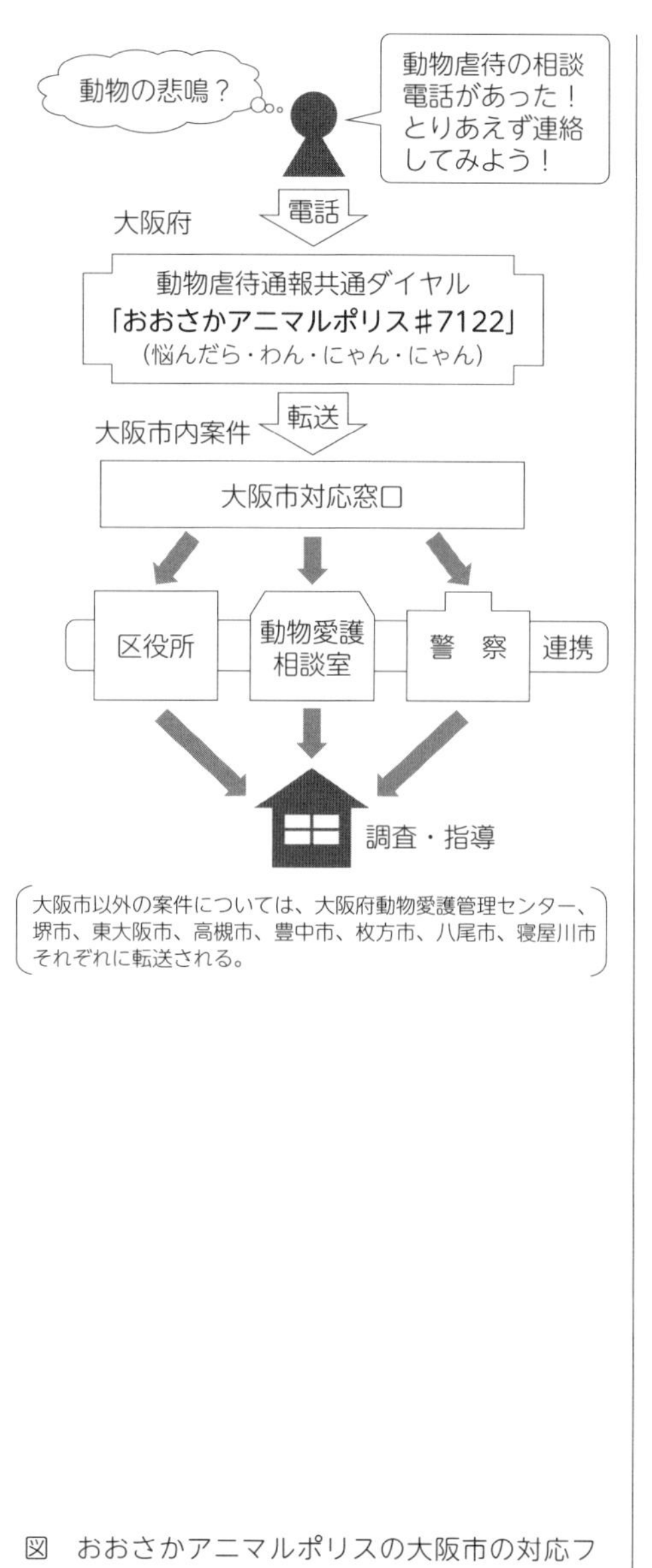

図　おおさかアニマルポリスの大阪市の対応フロー図　（大阪市のHPより）

い」という要望を出すことはできますが、行政からは「実際に見た人から連絡してもらわないと」と言われます。当事者が行政に通報すれば、行政も話を聞いて指導に行ってくれる場合もありますし、いつ指導に行ったか、再度指導に行くのかなどの連絡ももらえます。もちろん、通報をくれた方のお力になれることがあればできる限りのことはやりますが、やはりわたしたちは「第三者」になるので、当事者の行動が重要になってきます。

ところで、行政や警察に通報するときに大切なのが、「証拠」です。行政や警察、とくに警察は、犯罪があると思える場合でないと動きません。ですから、写真や動画を撮れるのであれば撮って保存しておくこと、証拠をおさえることが大切です。そうすれば、場合により、証拠をもって弁護士に相談に行ったり、告発することが可能です。告発をすれば、警察が捜査に乗り出してくれる可能性が高くなります。

なお、証拠をとるため、動物たちを守るためなら何をしてもよいわけではありません。たとえば、虐待現場をビデオにおさめようと他人の住居や敷地に無断で立ち入る、動物を持ち出す、虐待している現場の動画を隠し撮りしてネットにあげるといった行為は、法に触れる可能性がありますので、そのあたりは十分に注意をしていただきたいと思います。

6 動物たちの地位向上のために何ができるのか

厳罰化のときもですが、動物福祉を充実させていこうとすると、「動物は『物』だ」ということを必ず言われます。

動物愛護法2条の基本原則に「動物が命あるものであることにかんがみ」と書いてありますが、それでも、動物は「物」で福祉はないと言われるのです。わたしにしてみれば、今までの3回の改正を通して、動物は物だとか、動物に福祉はないということをずっと言われてきただけに、いまさらまたそれですかという感じですが、これからの改正でも「動物は物」ということを言われ続けるでしょう。

だから、わたしは、「動物は物ではない」ことを何かしらの形で明記してもらわないといけないと考えています。動物愛護法では「動物たちには命がある」、その一方で、民法や刑法などほかの法律では「動物は物です」ということの矛盾を解決する、それがわたしの目標です。

日本は慣例に従う意識が強く、一度決まったものはなかなか変わりませんから、これだけ「動物は『物』だ」と言われ続けてきて、「動物は物でない」ことを確立するのは相当困難であることはわかっています。それに、人の子どもの虐待事件であっても対応は遅く、国が全然機能していないことを分かっていますから、動物のことがどれぐらい大変かも想像できます。

それでも、動物たちの福祉向上のための方法を考え、実行したいと思っています。たとえば動物虐待の罰則が引き上げられても、実際には、動物が命を落とす前に虐待現場から保護できる仕組みを作らなければ動物の命を救うことはできません。「犬が車中に閉じ込められている」「無人の家に動物だけが取り残されている」「炎天下のコンクリートの上に犬が繋がれっぱなしになっている」、こういう通報が多数寄せられます。現場では、「器物損壊で捕まってもいいから、車の窓ガラスを割って中にいる犬を救う」と言う人もいます。

「動物を救いたい」という善良な思いを持つ市民を犯罪者にしないためにも、緊急一時保護や所有権の一時停止などの動物を守る仕組みを構築していきたい。私たちの次なる目標は緊急一時保護と所有権の一時停止の制度を作ることです。

ドイツでは憲法でも動物たちについて規定していると聞きますが、日本で動物の地位向上のために憲法改正となると、かなり非現実的で、100年経っても変わらないと思います。

とにかく、日本の現状が世界の水準から大きく後れをとっていることを認識し、「いい加減、本当の先進国になりましょう！」強く切実にそう思います。

コラム❻

動物愛護法は動物保護法なのか？

動物を種類に着目して分類すれば、家庭動物等も含めた人の管理下にある家畜動物と野生動物の2つに分けられます。また、個体に着目して分類すれば、野生下にいる純粋な野生動物、動物園動物（人の飼育下にある動物で野生動物種・家畜動物種いずれもあり）、実験動物、畜産動物、家庭動物（犬猫等愛玩動物）の5つ程度に分けられます。

これらすべての動物を保護するような動物法は日本に存在するのでしょうか？

動物愛護法は、目的（1条）、基本原則（2条）、動物の所有者又は占有者の責務等（7条）において、対象となる「動物」を限定していませんから、すべての動物に適用される動物の基本法といえるでしょう。しかし、この法律の目的はあくまで、動物愛護という人間社会の良俗を守ること、動物から人への危害を防止することで、人と動物の共生社会の実現を図ることが目的とされていて、この立法目的を達成するいわば手段として、動物の虐待や遺棄の防止、動物の健康や安全が守られるにすぎません。

この法律の各論的な条文を見ていくと、たとえば、登録制の第一種動物取扱業者の扱う対象動物はほ乳類、鳥類、は虫類に属するものに限定され、かつ、畜産農業に係る動物と実験動物は除外されています。また、殺傷や虐待、遺棄の保護対象となる「愛護動物」は牛、馬、豚、めん羊、山羊、犬、猫、いえうさぎ、鶏、いえばと、あひるのほか、人の占有下にあるほ乳類、鳥類、は虫類に属するものに限定されています。このように実際の条文を見ていくと、動物愛護法は家庭動物に特化した法律といえます。

野生動物に特化した代表的な法律は、「鳥獣の保護及び管理並びに狩猟の適正化に関する法律（鳥獣保護法）」です。この法律の対象動物は「鳥類又はほ乳類に属する野生動物」です（同法2条1項）。

動物愛護法、鳥獣保護法以外にも、動物に関する法律には、例えば、「絶滅のおそれのある野生動植物の種の保存に関する法律」（種の保存法）、「特定外来生物による生態系等に係る被害の防止に関する法律」（外来生物法）、「狂犬病予防法」、「愛玩動物用飼料の安全性の確保に関する法律」（ペットフード法）などいくつかありますが、これらの法律はそれぞれの立法目的に従い、いわば用途別に動物を分類して規制や保護の対象としているにすぎません。ちなみに、日本には、動物園法もありません。

実質的な意味では、動物基本法、動物保護法、アニマル・ウェルフェアに関する法、動物福祉法などと呼べるものはないといわざるをえません。すべての動物を対象として具体的な規制を含むような動物保護のための法律はないのが現状なのです。

（弁護士　浅野明子）

V　畜産動物・実験動物

1　アニマル・ウェルフェア

「人間は犬や猫に限らず、多くの動物の命を不当に犠牲にしている」ことも、わたしは動物愛護活動をしていて学びました。

人間は、たくさんの牛や豚、鶏を狭い場所に押し込めて飼育しています。また、医薬品や化粧品のテストに動物を使っています。そのようなことを知るにつれ、とりわけ動物実験の現実を知ってからは、「人間の欲望のために動物たちに苦痛を強いてよいのか」とより強く思うようになりました。そして、「1人の人間として何かできないか」ということや、アニマル・ウェルフェア（動物福祉）についてより深く考えるようになりました。

アニマル・ウェルフェアとは、動物が意識ある存在であることを理解し、動物たちがその生態に合った、欲求を充足できる環境で生活しているかということに配慮すること、わたしはそう理解しています。

国際的には、動物たちに以下の「5つの自由（The Five Freedoms for Animal）」を保障することが基準と考えられています。

①　飢えと渇きからの自由（Freedom from Hunger and Thirst）
②　不快からの自由（Freedom from Discomfort）
③　苦痛、外傷や病気からの自由（Freedom from Pain, Injury or Diseas）
④　正常に行動する自由（Freedom to behave normally）
⑤　恐怖や不安からの自由（Freedom from Fear and Distress）

動物愛護法2条2項の基本原則「何人も、動物を取り扱う場合には、その飼養又は保管の目的の達成に支障を及ぼさない範囲で、適切な給餌及び給水、必要な健康の管理並びにその動物の種類、習性等を考慮した飼養又は保管を行うための環境の確保を行わなければならない。」も、アニマル・ウェルフェアを意識した規定です。

アニマル・ウェルフェアは、産業動物について言われるようになったのが始まりですが、現在では、動物園や水族館にいる人間の飼育下にある野生動物や、実験用の動物たちについても言われるようになりました。

2　産業動物のウェルフェア

産業動物とは、肉・乳・卵・皮・労働力などの生産物を利用するために飼育されている牛や馬、羊、豚、鶏等の動物たちのことです。彼らの暮らしは、不快、苦痛、恐怖、不安のない、そして行動の自由を保障されたものでなくてはなりません。しかし、日本では、そのようなアニマル・ウェルフェアに適った環境で暮らしている産業動物は、まだまだ少ないのが現状です。

無視される動物たちの声

▼牛：つなぎ飼い　日本の乳牛のほとんどはつなぎ飼いされ、牛舎の中で一生のほとんどを過ごします。首を柱にくくりつけられ、ほとんど身動きできない状態でつながれっぱなしにされます。そして、搾乳のために、人工授精で妊娠・出産させられます。人間と同じように、牛も妊娠・出産をしないとお乳が出ないからです。

出産が終わると、すぐに子牛と引き離され、1日に数回の搾乳、数か月経つと再び強制的に妊娠、それがずっと繰り返されます。そこでは、母牛の母性や子牛のお乳を吸いたいという欲求よりも、できる限り早く、たくさんの搾乳をして牛乳を生産ラインにのせることが優先されるのです。

やがて何回もの出産で疲れ果てて役に立たなくなった母牛は、トラックに乗せられと畜場へと送られて食肉となります。

なお、治療困難な病気にかかった場合も、母牛は乳牛としての役目を終えることになりますが、病気の牛の肉は食用にはできませんので、母牛は農家の敷地や車両の中で殺処分され、と畜場ではなく死亡獣処理施設へと運ばれます。死亡獣処理施設は死んだ家畜を解体して焼却する施設です。牛は本来ならもっと長生きですが、母牛の平均寿命は約5～6年といわれています。

一方、食肉牛の場合も、一生のほとんどを牛舎の中で過ごすのは乳牛の場合と同じです。鼻輪をされて角を切られ、大半は、若いうち（生後約2年半で出荷されることが多いようです）にと畜場へと送られます。

牛は本来、集団で生活し1日の半分を横になってすごし、恐怖や不安にも敏感だといわれていますす。けれども寝そべりたい、仲間とたわむれたいという欲求は、生産性のために無視されているのです。

▼豚：閉じ込め飼育　豚は、自然の状態では、グループをつくり、餌探し、穴掘り、散歩などをして暮らします。泥遊びや日光浴も大好きです。けれども、食肉用の豚の多くは、日光を浴びることも散歩をすることもありません。いわゆる閉じ込め飼育がされているからです。

母豚は、身体の向きさえ変えられない妊娠豚用檻（ストール）の中でその一生のほとんどを過ごし、ここでも母豚には、人工的な妊娠と出産が繰り返されます。

一方、産まれた子豚は、犬歯を切られ、ストレスでほかの豚の尻尾に咬みつかれないよう尾を切断され、生後1年も経たないうちに屠畜されます。

▼採卵鶏・ブロイラー：閉じ込め飼育・過密飼育

本来、鶏（ニワトリ）は、朝起きると朝日を浴びて周囲を散策し、羽を広げて毛づくろいをする生き物です。ホコリや寄生虫を落とすために砂浴びもします。

しかし、鶏本来の生態にあった方法で飼育すると、生産コストが高くつきます。そこで、利益・効率性を重視する農家では、産卵鶏の飼育にバタリーケージを用います。バタリーケージとは、ワイヤー（針金）でできたケージを横につなげたもので、鶏1羽あたりの空間は非常に狭いつくりになっています。ときに縦に幾段にも重ねて使われます。このケージに入れられた鶏は羽を広げることはおろか身動きさえ困難です。ケージの床も針金でできているため、足の皮膚がただれることもありますし、爪ものびたままになります。さらに、そのような状態で鶏の産卵率が落ちてくると、一定期間、餌と水の供給をストップし、強制的に羽毛のはえかわりを起こさせることもあります（強制換羽）。鶏は羽毛がはえかわると産卵率があがるためです。

平飼い（鶏を地面に放して飼う）でも事情はあまり変わりません。食用鶏（ブロイラー）は、平飼いがほとんどですが、身動きできないほどの過密状態で飼われていることが多いからです。ストレスでほかの鶏の羽毛をつつかないよう、くちばしを切断され、薄暗い照明の中で暮らすことを余儀なくされています。

鶏も本来ならより長生きできるはずですが、採卵鶏であれば生後約2年でと殺されて加工肉にされ、ブロイラーは早いものであれば生後約2か月で出荷されます。

なお、採卵鶏については、別の残酷な事実もあります。採卵鶏の世界では、卵を産まないオスのヒナは、採卵鶏にも食用鶏（ブロイラー）にも適さないため、生まれてまもなく殺処分されます。

このようなオスのヒナの大量殺戮は、世界各国で行われています（アニマルライツセンターによれば、日本ではオスのヒナは生きたままゴミ箱に入れられて窒息死したり、外に放置されて暑さや寒さのために死んだりしている。ドイツではガスやシュレッダーで処分される）。

現在、ヨーロッパの一部の企業（フランスのカルフールなど）は、卵が孵化（ふか）する前の段階で雌雄を選別する代替法を導入していますが、一刻も早く全世界に普及することが望まれます。

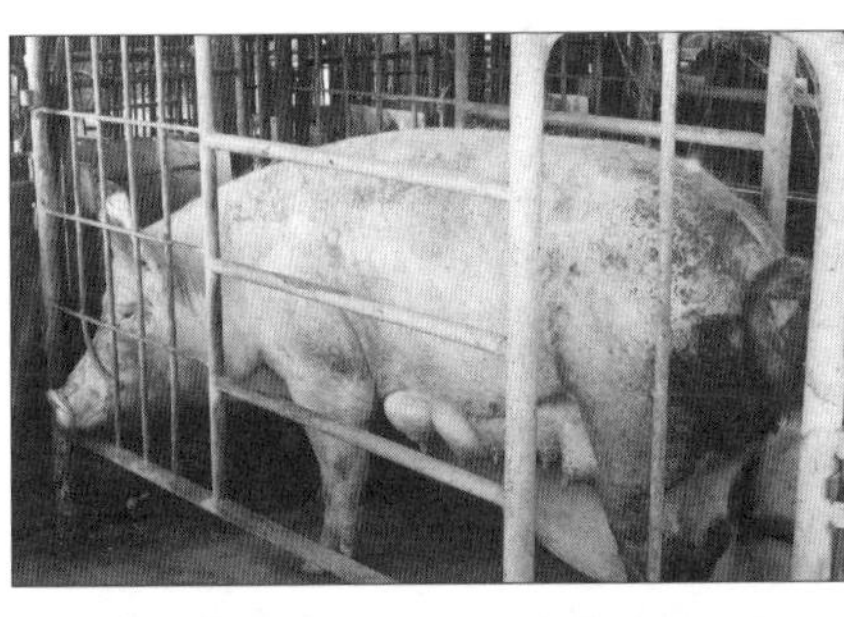

閉じこめ飼育、過密飼育の様子。（写真提供：アニマルライツセンター）

▼鴨・ガチョウ・アヒル：強制給餌・ガヴァージュ　高級食材として知られるフォアグラですが、その生産方法は残酷です。鳥たちは、何日間も狭いケージに拘束されたまま、毎日数回、鉄の棒などで口をこじ開けられ、食道に押し込まれるチューブで大量のトウモロコシや穀物のペーストを直接胃の中に流し込まれます。これは強制給餌、ガヴァージュと呼ばれます。毎日、お腹も減っていないのに無理やり食べものを流し込まれるため、ときには彼らの胃は痙攣し、また鉄の棒で彼らの喉や内臓が傷つけられます。

けれども、この苦痛に満ちた生活もそれほど長くは続きません。約2～3週間もすれば、彼らの肝臓は通常の10倍もの大きさへと膨れあがり、脂肪たっぷりの特選品「フォアグラ」となり、そのため彼らは死を迎えることになるからです。

現在、強制給餌（ガヴァージュ）は多くの国で禁止されていますが、いまだに強制給餌によるフォアグラ生産を続ける国や地域があります。フォアグラは、はたしてアニマル・ウェルフェアの観点からして守られ続けるべきものでしょうか。消費者の側で、むやみに美食を求めるのではなくモラルある消費選択を意識することが大切でしょう。

飼養のあるべき姿：アニマル・ウェルフェアに配慮した産業動物の飼育方法とは

アニマル・ウェルフェアに配慮した飼育方法として、「放牧」があげられます。たとえば、わたしが視察に行った神奈川県の「薫る野牧場」では、牛たちは24時間365日完全放牧されていて、大野山の緑豊かな斜面に広がる壮大な草地を、牛たちが草を食べながらゆっくりと歩いていきます。

山地酪農というスタイルで、草が生い茂っている山にまず牛を入れて地面の草を食べてもらい、その後、人間が山の手入れをしながら牛と一緒に山の管理をしているのです。牛の糞がたい肥となって栄養分豊かな土壌をつくり、そこに野シバやクローバーが生え、それをまた牛が食べる、という循環がなりたっています。野シバは周りの根と絡み合いながら地中に根を張りますので、この方法には、山の斜面が強くなり土砂崩れがしにくくなるという利点もあります。

コラム 7

フォアグラ規制はまだ甘い？

EUでは、1999年の指令（RICHTLINE 98/58EG）で、動物たちに不必要な苦痛を与える給餌方法が原則禁止されました（artikel4, ANHANG14）。

しかし、フォアグラを文化遺産とするフランスや、フォアグラが一般的な食材であるハンガリーは、例外的な扱いをうけています。またアメリカでも、一部の州（カリフォルニア州、ニューヨーク州）を除き、フォアグラの生産・販売は禁止されていません。

フォアグラを伝統的に食してきた国や地域では、ガヴァージュ禁止・フォアグラ生産禁止に反対するフォアグラ生産者やレストラン経営者、消費者も多いのが実情です。

【参考】フランス農業漁業法典 L.654-27-1 条「フォアグラは、フランスにおいて保護される文化的・美食文化的資産の一部である。フォアグラは、ガヴァージュによって特別に肥大させられたカモまたはガチョウの肝臓である。(Le foie gras fait partie du patrimoine culturel et gastronomique protégé en France. On entend par foie gras, le foie d'un canard ou d'une oie spécialement engraissé par gavage.)」

（文責　法律文化社編集部）

「広大な土地がない日本でアニマル・ウェルフェアにかなった飼育方法は難しい」と言われる方がいますが、日本の地形にあったやり方があることを知っていただければと思います。

鶏については、アニマル・ウェルフェアに配慮した、エイビアリーシステムという多段式のケージフリーシステムがあります。建物の中に、休息エリア（止まり木）、給餌給水エリア、産卵エリア、屋内・屋外運動エリアなどが設けられているアニマル・ウェルフェアに対応した鶏舎です。

アニマル・ウェルフェアに配慮すると、手間と時間と費用がかかるので非効率で儲からない――というのは確かにそうかもしれません。しかし、地球という大きな枠組みや長期的な視点でみると、アニマル・ウェルフェアを無視した方法を続ければ、わたしたちは、それを続けることで得られる利益よりももっと多くのものを失うことになるかもしれません。

畜産では、大量の水が消費され、非常に多くの温室効果ガスが排出されます。その量は地球全体の排出量の半分以上を占めるというデータもあります。また、家畜の排泄物と水質汚染の関係も懸念されています。アニマル・ウェルフェア、そして地球環境のことを考えるなら、集約畜産、閉じ込め飼育は見直されるべき時期なのです。

なお、近年、欧州をはじめ世界でアニマル・ウェルフェアに配慮する風潮が高まっています。

２０１８年8月、海外のアスリートたちが、アニマル・ウェルフェアに対応していない方法で飼育された動物たちをオリンピック選手村のメニューの食材に使わないよう東京都や大会組織委員会に要請しました（京都新聞２０１９年7月17日夕刊2面）。

２０２０年には、トリップアドバイザーが、一般公開のため監禁された状態の鯨類がいる施設のチケットを取り扱わない方針を発表（京都新聞２０２０年２月８日夕刊８面）。

日本でも京都市動物園が、動物福祉の観点から、国内最高齢の雄のライオン「ナイル」が亡くなったことをもってライオンの展示を中止する方針を示しました（京都新聞２０２０年２月９日〈社説〉）。

「アニマル・ウェルフェアに配慮する」、それが世界の常識になりつつあるのです。

写真㊤㊦　薫る野牧場の様子

（撮影：大脇幸一郎）

3　実験動物とアニマル・ウェルフェア

医薬品や化粧品をつくるために行われている動物実験については、「すべてやめたほうがよい」とか、「必要な場合はあるけれど動物たちの取り扱いには配慮が必要だ」などいろいろな考え方がありますが、少なくともわたしは化粧品をつくるための動物実験はやめるべきだと思っています。冒頭でお話したように、人間の欲望のために動物たちを苦しめることになるからです。

わたしがそのような思いからつくったコスメブランドが「リベラータ」です。アニマル・ウェルフェアを意識したブランドで、製品開発のための動物実験は一切していませんし、製品に必要な原料については、取引先の企業に動物実験を行っていないことを確認したうえで使用しています。また、動物由来の原料を用いる際には、その動物の飼育環境がアニマル・ウェルフェアに配慮されているかを確認したうえで使用するようにしています。

「アニマル・ウェルフェア」と「安全性」を追求した結果、行き着いた原料の1つに沖縄の「やんばる島豚」のプラセンタ（臍帯胎盤（さいたいたいばん））があります。やんばる豚は、日中は澄んだ空気の大自然で放牧され、それ以外の時間は広くて清潔な豚舎で過ごします。そして、安全で栄養たっぷりのごはんを食べ、心身ともに健康でストレスのない環境で育ちます。リベラータは、そのやんばる豚の本来なら捨てられてしまう胎盤を譲り受けて副産物としてありがたく有効に使わせていただいています。

ちなみに、自然界では多くの動物は、出産後は胎盤を食べてしまいます。理由は、敵から出産したことを隠すためなどと言われています。けれども、やんばる豚は自然に近い状態で暮らしているものの敵に襲われる心配がないからでしょうか、胎盤を食べることはしません。こうやって原料にこだわっている分、コストや手間はかかっています。けれども決して妥協はしません。それが苦しむ動物たちを減らす、動物たちの苦しみを減らすことにつながるからです。
ところで、動物実験については、次の「3Rの原則」という世界的な基準理念があります。

Replacement（代替）：できる限り動物を供する方法に代わりうるものを利用すること
Reduction（削減）：できる限りその利用に供される動物の数を少なくすること
Refinement（改善、精査）：できる限り動物に苦痛を与えないこと

この理念は、動物愛護法41条にも盛り込まれています。

（動物を科学上の利用に供する場合の方法、事後措置等）
第41条　動物を教育、試験研究又は生物学的製剤の製造の用その他の科学上の利用に供する場合には、科学上の利用の目的を達することができる範囲において、できる限り動物を供する方法に代わり得るものを利用すること、できる限りその利用に供される動物の数を少なくすること等により動物を適切に利用することに配慮するものとする。
2　動物を科学上の利用に供する場合には、その利用に必要な限度において、できる限りその動物に苦痛を与えない方法によつてしなければならない。

3　動物が科学上の利用に供された後において回復の見込みのない状態に陥つている場合には、その科学上の利用に供した者は、直ちに、できる限り苦痛を与えない方法によつてその動物を処分しなければならない。

4　環境大臣は、関係行政機関の長と協議して、第2項の方法及び前項の措置に関しよるべき基準を定めることができる。

4　アニマル・ウェルフェアと環境問題

わたしたち1人ひとりが意識を変える、習慣を変えることがアニマル・ウェルフェアの向上につながり、また環境問題にも貢献します。

今、「MoTTAINAI（もったいない）」という言葉が世界の注目を浴びていますが、誰もが命への感謝、もったいないという気持ちをもてば、食べ残して捨てる、無駄なものを買うといったことはなくなります。そうすれば、動物を苦しめる大量生産をしなくてもよくなり、ごみも食品ロスも減ります。さらに、大規模集約畜産がなくなれば、温室効果ガスの排出量もぐっと減ります。

ですから、まずはできることから始めてみてはどうでしょう。

家庭では、冷蔵庫にある食材の種類や量を確認してから買い物に出かけるようにする、食べきれなかったものは捨てずに他の料理に作りかえる、賞味期限は細めに点検・把握する、飲食店を経営しているなら「小盛できます」「食べられないものがあれば相談してください」とあらかじめ表示や案内をしたり、余った料理は持ち帰れるようにする……このようなことであればできるのではないでしょうか。

また、アニマル・ウェルフェアに配慮した飼育方法で生産された食品を意識的に選んでみるのも1つの方法かもしれません。乳牛については、一般社団法人アニマルウェルフェア畜産協会が実施している認証制度があります。

アニマル・ウェルフェアに配慮した飼育方法で生産される商品の価格は安くはありませんが、わたしたちの意識、食生活や食習慣をかえれば決して受け入れることができない価格ではないと思います。

コラム❽

種差別

1970年代、人間による酷使・虐待・奴隷化から動物を解放しようとする運動（動物の権利運動）が世界に広まりました。

この運動が広まるきっかけになったのが、ピーター・シンガー（哲学者、倫理学者）の『動物の解放』という書籍です。この本において、シンガーは、動物実験・工場畜産を「『人と動物は生物種が異なる』『動物は理性、道徳、言語などの人間が持つ特質を有していない』といった不当な理由で人間以外の種を差別する行為―種差別―だとして批判しました。「人間は他者の利益を考慮するのと同じく動物の利益もまた考慮しなくてはならない」、シンガーはそう考えたのです。

このシンガーの主張・考え方は、現代においてもなお、その影響力を失っていません。

（文責　法律文化社編集部）

中洞牧場牛乳　７２０㎖　１１８８円〈なかほら牧場　北海道〉
薫る野牛乳５００㎖　６５０円〈薫る野牧場　神奈川県〉
娘のための卵10個　１０８０円〈やますけ農園　福島県〉
放し飼いたまごエコッコ30個　２４７０円〈丸一養鶏場　埼玉県〉
※２０２１年４月５日時点（オンラインショップ価格）

さらに、ベジタリアン（菜食主義者）として、植物性食品を好んで食べるようにする、またはビーガンという生き方もあります。

ビーガンとは、動物由来の食品は口にしない徹底した菜食主義者のことです。ビーガンの人たちは、肉や魚だけでなく、牛乳・チーズといった乳製品、卵・はちみつも食べません。カツオだしもＮＧです。なかには、皮製品などの動物製品の着用も避ける人がいます。

最近は、日本でも、ビーガン向けの食材、たとえば大豆ミートのような人工肉の開発が進んでおり、大豆ミートで作ったカレーやミートソース、ハンバーグなどのレトルト食品も一般に発売されています。また、動物由来の人工肉についても、企業と大学が協力して培養ステーキ肉の開発に成功するなど、実用化をめざした取り組みが進んでいます。

もっとも、ベジタリアンやビーガンになれば、肉など動物性たんぱく質を含む食品を食べない代わりにほかの食品からタンパク質をとることが必要です。それをしないで「単に肉だけを抜く」と栄養不足になってしまいますので気をつけてください。

わたしも今ではお肉をほとんど口にしなくなりましたし、お肉や卵、牛乳をいただく時にも、アニマル・ウェルフェアに配慮した製品を選ぶようにしています。

Ⅵ 野生動物・環境問題

1 SDGsと環境問題

「野生動物や環境にも優しい社会をめざすべきだ」ということも、動物愛護活動をしているなかで強く感じたことの1つです。また、最近、SDGs（エス・ディー・ジーズ）ということがよく言われますが、野生動物・環境問題はSDGsとも関係しています。

SDGsとは、2015年の国連サミットで採択された、2030年までに持続可能でよりよい世界をめざす国際目標のことで、環境問題の改善も含む17の目標と169のターゲット（具体目標）からなっています。

2 深刻な環境破壊・環境汚染

象が死に消えゆくサバンナ

象牙は印鑑・装飾品・楽器のバチなどに使われていますが、今、この象牙をとるために、アフリカ象が密猟で15分に1頭殺されています。

象牙の30％から40％は顔の中に埋もれていて、生え変わりで自然に抜け落ちることはありません。

そのため、象牙を手に入れるには、まず象を殺し、頭蓋骨を割って顔の前方をすべて切り落とさな

1　貧困をなくそう
2　飢餓をゼロに
3　すべての人に健康と福祉を
4　質の高い教育をみんなに
5　ジェンダー平等を実現しよう
6　安全な水とトイレを世界中に
7　エネルギーをみんなにそしてクリーンに
8　働きがいも経済成長も
9　産業と技術革新の基盤をつくろう
10　人や国の不平等をなくそう
11　住み続けられるまちづくりを
12　つくる責任つかう責任
13　気候変動に具体的な対策を
14　海の豊かさを守ろう
15　陸の豊かさも守ろう
16　平和と公正をすべての人に
17　パートナーシップで目標を達成しよう

図　SDGsの17の目標をあらわすICONS
出典：https://www.un.org/sustainabledevelopment/
なお、ロゴの掲載は、国連が本書籍の内容を承認したこと、また、本書籍の内容が国連やその機関、加盟国の見解を反映するものであることを示すものではない。

くてはならないのです。

狙われるのは、立派な牙をたくわえたオスの象と一番年をとったお婆さん象ですが、彼らを失うことは、象たちにとっての一大事です。象のメスは群れで生活をし、群れのリーダーになるのが年を取ったお婆さん象です。彼女は「水場がどこにあるか」「水場に行くまでにどこにどのような危険がひそんでいるのか」といったことをよく知っているからです。そのお婆さん象を失えば、経験不足のメス象だけで幼い子象を育てていかなくてはなりませんが、それはとても困難です。結果、その群れの生存率が下がるのです。また、象が減れば、サバンナに住むほかの動物たちも困ります。象たちが食べた物は、約半分しか消化されませんが、そのおかげで、象が移動することで、糞に交じって植物の種が運ばれて草原が広がっていきます。ですから、象たちが減ると、草原も減り、ヌーやシマウマ、トムソンガゼル、そして彼らを餌とするライオンなどもどんどん住む場所を追われていくのです。

このままでは、アフリカ象はあと10年で地球からいなくなってしまうと言われています。

サバンナは今、人間によって危機にさらされています。

プラスチックの海

現在、海は人間が捨てたプラスチックごみだらけとなり、様々な種類の海洋生物がごみの犠牲になっています。鼻の穴にストローが入って抜けなくなってしまうウミガメがいます。海鳥のヒナは、親鳥が餌とまちがえて与え続けたプラスチックの破片がお腹にたまり、巣立ち前に死んでしまうこともあります。漁師が投棄した漁業網（ゴーストネット）にひっかかり、身動きがとれなくなって死んでしまうアシカもいます。

また、プラスチックごみのために、人間自身も危険にさらされています。

プラスチックには有毒な化学物質が含まれていますが、波や紫外線で細かく砕かれた「マイクロプラスチック」（5ミリ以下に砕けたプラスチック）は、魚や貝などが餌と一緒に食べそのまま人間の口へと運ばれる可能性があります。気づかないうちに、人の体内にも大量のプラスチックが取り込まれているやもしれません。

世界の海も今、危機的な状況にあるのです。

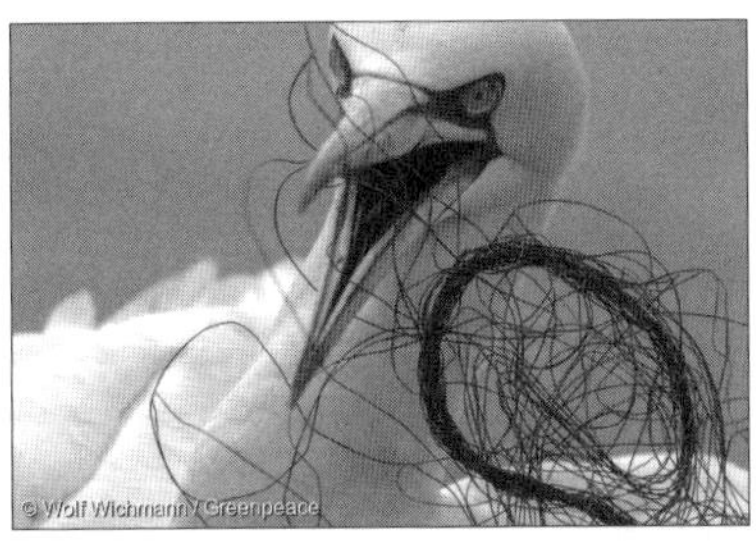

写真㊤　海洋ごみ（Dolly ropeなど）を使って巣づくりするシロカツオドリ（北海の島、ヘルゴラント）。ロープで窒息死する鳥も多い。
※Dolly rope：漁業用の網につけられるロープで海中で引きちぎれてごみとなる。
写真㊥　季節風のシーズンはプラスチックゴミだらけになる海岸（リゾート地、バリ島のクタ）。
写真㊦　海を漂うプラスチックゴミ（フィリピン、ベルデ島）。
（写真提供：国際環境NGOグリーンピース）

3 野生動物・地球環境を守るためにできること：エシカル消費

もはや手遅れといってもよいほどに、人間は地球環境を汚染・破壊しています。そして、それにより、野生動物だけでなく、わたしたち自身も存続の危機にさらされています。

「ＩＵＣＮ（国際自然保護連合）のレッドリスト」によれば、絶滅の危機に瀕している生物は年々、増え続けていますが、このままでは、人間自身が絶滅危惧種になる日もそう遠くはないと思えます。

そのことにわたしたちは気づかなければなりません。目をそむけずに現実をきちんと見て、今できることをしていかなくてはなりません。

わたしたちにできること、その１つがエシカル消費です。エシカル消費とは、環境・人や社会・地域に配慮した消費のことです。単に買って消費するだけでなく、その商品ができるまでの過程にも目を向けて、環境をできるだけ破壊しない方法でつくられる商品、人や動物をできるだけ苦しめない方法でつくられた商品、買うことが人や社会・地域のためになる商品を選んでいこう、ということです。

たとえば、環境への負荷ができるだけ少ない商品を選んで購入する（グリーン購入）、エコマーク付き製品やフェアトレード商品（開発途上国から適正価格で購入された原料や製品でつくられた商品）を選ぶ、障がい者の方がつくった寄附付の商品を選ぶ、地産地消を意識する、地元商店街で買い物をする……できることは山のようにあります。

また、エシカル消費以外にも、商品を購入する際にはマイバッグを持参する、品物の過剰包装を断る、プラスチック製の食品トレイやパックを避ける、再生品や繰り返し使えるもの・長く使えるものを選ぶなど、わたしたちが少し意識と行動をかえるだけで、ごみは減ります。

コラム❾

プラスチックごみの惑星になりつつある地球

今、使い捨てプラスチックごみの適切な管理が世界的に緊要の課題となっています。使い捨てプラスチックごみは、環境・人体の健康・経済に深刻な影響を及ぼしているからです。たとえば、レジ袋や容器包装プラスチックは、簡単に風に乗って陸や海のいたるところへと運ばれ、そこにいる野生動物・海洋生物を窒息させます。また、光や熱で砕かれて小さくなったプラスチックは、野生動物・海洋生物の体内にとりこまれて彼らを汚染します。それだけではありません。プラスチック製品がつまって下水システムが機能不全に陥ることで、蚊などの虫が病気を媒介するリスクが高まることが懸念されています（プラスチックバッグが排水路に詰まったことで洪水が大規模化した例はすでに報告されています）。さらに、ビーチに大量に流れ着いたプラスチックゴごみは、主力産業が観光である国々を苦しめています。

現在、多くの国・地域・企業は、プラスチックごみを減らすための様々な取り組みをしていますが（たとえば、アイルランドはレジ袋税を導入し、ルワンダ・ケニアはプラスチックバッグの生産・使用・販売・輸入を全面的に禁止しています。また、ウォルト・ディズニー社は、店舗・社員食堂でのプラスチック製ストロー・プラスチック製品の使用をやめることを決めています）、プラスチックの耐久性（ほとんどの有機化合物は微生物によって最終的に水や二酸化炭素に分解されるがプラスチックは容易には分解されない）を考えれば、地球がごみの惑星になる前に、全世界でプラスチックの生産を減らす・中止することが早急に必要ではないでしょうか。

（文責　法律文化社編集部）

最近は、国・自治体、企業がプラスチックごみの削減に積極的に取り組んでいます。アメリカでは、スターバックス、マクドナルドが相次いでプラスチック製のストローを廃止する計画を発表し、日本では、2020年7月1日よりプラスチック製レジ袋が有料化されました。

4　感染症パンデミックと環境破壊：人間中心主義の功罪

世界を襲う感染症

ここ何年もの間、世界では、次から次へと新たな感染症の大流行が起きています。2002年から翌年にかけてのSARS（重症急性呼吸器症候群）の集団発生、2009年の新型インフルエンザ感染症のパンデミック、2013年の中東諸国を中心とするMERS（中東呼吸器症候群）の流行、2014年の西アフリカにおけるエボラ出血熱の大流行……。2018年には結核で約150万人が亡くなっています（京都新聞2020年4月3日）。

そして、2020年、新型コロナウイルス感染症のパンデミックが起きました。

2021年4月現在、世界の感染者数の合計は1億4000万人を超え、死者数の合計は300万人を上回っています（WHO公式情報特設ページ参照）。

感染症と環境破壊

これら多くの感染症の蔓延(まんえん)は、ウイルスが動物から人へと感染したことが原因と考えられています。一説によれば、新型インフルエンザの感染源は豚および鶏、ＳＡＲＳの感染源はハクビシン、ＭＥＲＳやエボラ出血熱、そして新型コロナウイルスの感染源はコウモリだといわれています。

では、もしこれらの動物たちが感染源だとして、どのようにして動物から人への感染がおこるのでしょうか。それには、森林破壊が関係しているかもしれません。

大規模畜産農場の建設のために、人が森へと分け入って木々を伐採して開拓することで野生動物と人の生活圏との距離が縮まり、野生動物を宿主としていた未知のウイルスが直接、または農場にいる豚や鶏などの家畜を経由して人に感染する。

こういったストーリーが真実だとすれば、人は、森林伐採、環境破壊によって、自ら恐ろしいウイルスを呼び寄せたことになります。

また、森林破壊は、地球温暖化、気候変動を進める原因になっていますが、アメリカの大学などの研究グループによれば、温暖化が進むと、様々なウイルスの宿主である野生動物の生息地域が広がり、人と野生動物の接触の機会が増え、ウイルスが人に感染する可能性が大幅に増えるといいます。

人は、森林破壊によって、自ら感染リスクの高まる環境をつくりだそうとしているのです。

今、環境破壊をやめないと手遅れに

ある感染症についてワクチンが開発され、表面的には終息を迎える日がやって来たとしても、根底にある問題――環境破壊――に目を向けなければ、また同じことが繰り返されます。目に見えない得体の知れないウイルスとの闘いは永遠に続く、そう思うのはわたしだけでしょうか。しかも、次にやってくるウイルスは、もっと毒性が高く、簡単にはやっつけられないよう進化したウイルスかもしれません。

何も、人類を脅かすのは感染症だけではありませんが、新型コロナウイルスで世界がどうなったのかを思いおこせば、新たな感染症の出現を防ぐことにつながるのであれば、森林破壊はすぐにでもストップすることが望ましいといえます。

1990年以降、世界の森林は、1億7800万ヘクタール（日本の国土約5つ分）減少しています（FAO「世界森林資源評価2020　主な調査結果（仮訳）」）。

そして、RCPシナリオ（人間活動に伴う温室効果ガス等の大気中の濃度が、将来どの程度になるかを想定したもの）によれば、このままでは、2100年には、世界平均地上気温（陸域の気温と海面水温を併せて解析した気温）が最も抑えられたとしても平均摂氏1.0度、最大で平均3.7度、上昇する可能性があります。

さらなる感染症がわたしたちを襲う前に、また手遅れになる前に、「わたしたち人間も他の動物と同じ自然界の一部」だということを自覚して、環境破壊に真摯に取り組むことが必要です。

野生動物取引と感染症

感染リスクを高める「野生動物と人との接触」については、「野生動物取引」も忘れてはなりません。一部の国では、必ずしも十分な衛生管理がされているとは限らない野生動物の肉や糞などが、食料や薬の原料として市場で普通に売られています。また野生動物はペットとしても取引されていますが、現在の法律では、販売業者に輸入の合法性を証明することは義務づけられていませんので、ウイルスを保有する野生動物が密輸入され、そのまま消費者に販売されてしまう可能性はゼロではありません。

業者の方には、野生動物の密輸入には、新たな感染症パンデミックを引き起こす危険があること、消費者の方には、たとえば、「野生種のいる『ふれあいカフェ』に行って珍しい野生動物と触れ合おう」、「テレビで紹介された珍しい動物と一緒に暮らしたい」と思っても、その動物の由来をきちんと確認しなければ、やはり感染症パンデミックにつながる可能性があることを理解していただきたいと思います。

あとがき

動物愛護の啓発活動を始めてから知ったことは、日本の法律がまだまだ不完全であるということでした。それと関係して、社会も未成熟だと感じます。法律はいつも弱者の味方であってほしいものですが、本当の弱者は守られていないように思います。人間の弱者もですが、弱者の最たるものは言葉を持たない、人間の管理下にある動物たちではないでしょうか。

本文でご理解いただけたと思いますが、動物に関する法律の規制はまだまだ緩いですし、まったく規制がされていない事項もあります。そして、規制の甘いところには、そこで容易に利益を得ようとする者たちが集まり悪事をはたらきます。結果、動物たちはぞんざいに扱われ苦しみを強いられます。動物たちの苦しみは人間に無関係でないこともおわかりいただけたと思います。

なぜ法の規制が不十分になるのか。

２０１９年の動物愛護法改正に関わって感じたのは、業界と議員の関係の胡散臭さです。

犬猫の8週齢規制についても、２０１２年に本則で決まり、あとは附則をとるだけのことなのに、7週か8週かという議論でどうしてこんなにも苦労しなければならないのか、本当におかしな話でした。ペット業界は、経過措置で新規制に対応するための充分すぎるほどの年月が設けられるにもかかわらず、8週齢規制に向けての準備を整えるどころか、あの手この手で改正を阻止しようと抵抗しました。挙げ句の果てには国会議員が代表になっている日本犬の繁殖・販売団体の訴えにより日本犬6種のみが8週齢規制の対象から除外されました。このことは、ただただ残念でなりません。国会議員が国民の利益のために働くのは当然です。しかし、弱いものいじめ、不当な搾取のもとで業者が得る利益は不当な利益でしかありません。そのような利益のために国会議員は動いたのかと、少し裏切られたような気持ちになりました。

また、ペット業界のお金（利益）と政治が結びついていることを感じるとともに、業界側の思惑でこうも正義が捻じ曲げられるのかと、改めてお金の力の恐ろしさを感じました。

十分な法の整備は一筋縄ではいかないのが常とはいえ、人間よりはるかに短い動物の一生を考えると、週齢規制の改正にはあまりにも時間がかかりすぎました。業界が猛反発しなければ、速やかに進めば救えていたはずの命があったであろうことを思うと、胸が痛みます。

ところで、最近も、業界と政治家との結びつきが露わになった出来事がありました。２０２０年の暮れに大きく報道された鶏卵生産事業者の大手「アキタフーズ」と政治家との癒着問題です。報道によれば、「アキタフーズ」グループの元代表は、鶏卵業界に便宜を図ってもらう目的で（当時、家畜をストレスのない環境で飼育するアニマルウェルフェアを巡る議論で、日本の鶏卵業者は、ＯＩＥ（国際獣疫事務局）の提唱する巣箱や止まり木の設置を求める国際基準案に反対していた）、元農水相２人に現金を提供し、また複数の現職議員にも現金を提供した疑いがあるということでした。

鶏卵業界については、２０１９年にも、業界が「日本の実情に合わない」などと猛反発して農林水産省を通じて要件緩和を求めたために、巣箱や止まり木の設置義務化が見送られたことがありました。政治家と業界は、ここでも鶏の福祉は二の次にして、設備投資をして本来の鶏の行動欲求を満たすことよりも、コスト抑制と大量生産を追求する業界の利益を優先したのです。

もちろん、業界から政治家にわたるお金は違法なお金ばかりではないでしょう。けれども、まともに議論をしても、ペット業界・鶏卵業界をはじめ、業界の金と政治の力でいとも簡単に動物福祉が踏みにじられているのは事実です。これでは、日本で法規制の整備やアニマルウェルフェアが進まないわけです。

とても努力されている健全な政治家や事業者もいらっしゃいますが、私利私欲しか考えず他者や他種を思う気持ちが圧倒的に欠けている人がどれほど多いことでしょう。啓発活動や法改正に携わることを通じてその現実を突きつけられる度に嘆かわしい気持ちになります。

今後切に願うのは、愛玩動物（環境省の管轄）、畜産動物（農林水産省の管轄）、実験動物（厚生労働省の管轄）、動物園・水族館の展示動物（文部科学省の管轄）についてのアニマル・ウェルフェアを、省庁と業界と国会議員とが健全な関係を保ちながら速やかに前進させていく健全な社会の到来です（動物ごとに異なる省庁に管轄が分かれていることも、動物福祉が前進しない大きな要因になっており問題だとは思います）。そのために重要となるのが法律です。そして、法律の制定や改正をするのは国会議員です。

ですから、本書を読んでくださった皆様には、未熟な法律のもとでまだまだ多くの動物たちが酷使されて苦しんでいることはじめ、日々の暮らしの中や社会で起こっている問題を見過ごさず、私たちで健全な社会を作っていくのだという意識を持っていただき、まずは国会議員を厳しく審査して選ぶ、その議員は社会問題をどれだけ鋭い視点で捉えているのか、民衆に尽くす議員なのかをしっかり見定めて選ぶということをしていただければと思います。

政治は遠い話ではないこと、動物たちだけでなく人が幸せに暮らすためにも政治や法律に興味がないでは済まされないことを、1人ひとりが自覚して行動すれば、それはきっと明るい未来へつながっていくのです。

私も公益財団法人動物環境・福祉協会Ｅｖａの代表理事として、これからも消費者への啓発と国への提言に全力で努めていきたいと思います。

最後になりましたが、私の故郷であり地元でもある京都の法律文化社から、意義ある出版企画をご提案いただけたことに心より感謝いたします。

本書が動物福祉について考える一助となれば幸いです。

2021年4月

杉本　彩

■著者・監修者紹介

〈著　者〉

杉本　彩（すぎもと・あや）

1968年、京都市生まれ。女優・作家・ダンサー。公益財団法人動物環境・福祉協会Eva理事長。

ペットや畜産動物の福祉の充実、野生動物の生活環境・地球環境の保全を目標に、立法機関や行政への提言や講演会など、様々な活動を展開。2019年の動物愛護法改正では、議員連盟のアドバイザーとして多大な貢献をした。

著書に、『ペットと向き合う』（廣済堂出版、2015年）、『それでも命を買いますか？：ペットビジネスの闇を支えるのは誰だ』（ワニブックス、2016年）、『動物たちの悲鳴が聞こえる：続・それでも命を買いますか？』（ワニブックス、2020年）など。

〈監修者〉

浅野　明子（あさの・あきこ）

東京都出身。早稲田大学法学部卒業。弁護士（髙木國雄法律事務所）。

第一東京弁護士会環境保全対策委員会委員、日本弁護士連合会公害対策・環境保全委員会委員。ペット法学会会員、愛玩動物飼養管理士１級。

著書に、『わんころチェロその日々』（文芸社、2003年）、『Q＆Aでわかるペットのトラブル解決法』〈共著〉（法学書院、2004年）、『ペットトラブル解決力アップの秘訣38！』（大成出版社、2014年）、『ペット判例集』（大成出版社、2016年）など。

※なお、監修は、弁護士としての立場に基づき、法律に関わる叙述の正確性を担保するためになされたものであり、本書の内容は、浅野氏個人の見解を反映するものではありません。

Horitsu Bunka Sha

動物は「物」ではありません！
――杉本彩、動物愛護法“改正”にモノ申す

2021年6月5日　初版第1刷発行

著　者　杉本　彩

監修者　浅野明子

発行者　畑　光

発行所　株式会社 法律文化社

〒603-8053
京都市北区上賀茂岩ヶ垣内町71
電話 075(791)7131　FAX 075(721)8400
https://www.hou-bun.com/

印刷：㈱冨山房インターナショナル／製本：㈱藤沢製本
編集協力：松井久美子（公益財団法人動物環境・福祉協会Eva事務局）
装幀：白沢　正

ISBN 978-4-589-04075-6